● 添加混响效果

● 调整标题的播放位置

● 制作大头贴

● 淡化效果

● 翻页转场效果

● 使用即时项目制作影片

● 逆时针清除转场效果

● 闪光转场效果

● 画轴转场效果

● 旋转图像效果

● 提取视频中的声音

● 画中画效果

● 好莱坞插件转场效果

● 铰链转场效果

● 物体强烈反光效果

● 东边日出西边雨效果

● 彩照变单色照片效果

● 怀旧老照片效果

● 对开门转场效果

● 制作卡拉OK字幕

● 制作宝宝成长相册

● 制作婚礼视频

● 探秘西藏之旅

中青雄狮 技术与创意于一体，历经千锤百炼华丽绽放，
唯经验 从入门到精通
系列总销量突破
300万

会声会影 X4 中文版

从入门到精通

王国胜 / 编著

超值全彩

中国青年出版社
CHINA YOUTH PRESS
中青雄狮

图书在版编目（CIP）数据

会声会影 X4 中文版从入门到精通 / 王国胜编著 . — 北京：中国青年出版社，2011.11
ISBN 978-7-5153-0274-4
Ⅰ.①会…　Ⅱ.①王…　Ⅲ.①多媒体软件：图形软件，会声会影 X4　Ⅳ.①TP391.41
中国版本图书馆 CIP 数据核字（2011）第 204186 号

会声会影 X4 中文版从入门到精通

王国胜　编著

出版发行：中国青年出版社

地　　址：北京市东四十二条 21 号
邮政编码：100708
电　　话：（010）59521188 / 59521189
传　　真：（010）59521111
企　　划：北京中青雄狮数码传媒科技有限公司

责任编辑：郭　光　张海玲　向雯雯
封面设计：张宇海　王玉平

印　　刷：北京佳信达欣艺术印刷有限公司
开　　本：787×1092　1/16
印　　张：18.75
版　　次：2011 年 11 月北京第 1 版
印　　次：2011 年 11 月第 1 次印刷
书　　号：ISBN 978-7-5153-0274-4
定　　价：59.90 元（附赠 2DVD，含教学视频与海量素材）

本书如有印装质量等问题，请与本社联系　电话：（010）59521188 / 59521189
读者来信：reader@cypmedia.com
如有其他问题请访问我们的网站：www.lion-media.com.cn

"北大方正公司电子有限公司"授权本书使用如下方正字体。
封面用字包括：方正兰亭黑系列，方正正黑系列

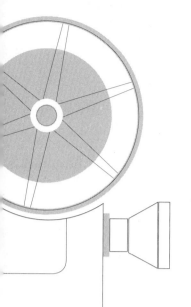

软件简介

会声会影 X4 是一款功能强大的视频编辑软件，它可以对图片以及视频素材进行编辑，并且在制作完成后输出为不同格式的视频。该软件不仅具备符合家庭或个人所需的影片剪辑功能，甚至可以挑战专业的影片剪辑软件，无论是影片制作行业的新人或是业余爱好者，会声会影 X4 都可以满足你对照片、视频素材进行编辑的要求。

内容导读

本书共分为 14 章，从会声会影 X4 的认识、安装开始，到将制作好的视频文件导出，逐一对视频或图像文件在会声会影 X4 中的制作步骤进行了介绍。其中第 2~11 章介绍了会声会影编辑器的使用知识，读者可以掌握在会声会影编辑器内进行影片捕获、编辑、创建的操作方法。第 12~14 章将前几章所学的知识结合起来，讲解了完整的影片制作方法，帮助读者将所学知识融会贯通，真正实现我的影片我做主！

本书特色

实用易学：视频入门知识热身 + 编辑技法修炼 + 综合影片创作 = 从入门到精通

专题讲解：通过对 4 大组件、7 大功能的专题讲解，让读者了解会声会影的各项功能，分阶段消化所有知识点。

实例演练：全书 100 多个知识点实例和 43 个范例演练将各项功能融汇到实例操作中，提高实际操作能力。3 个极具实用价值的综合案例将全书的知识点灵活地串联在一起，使读者轻松地学以致用。

技能提升：每章最后部分的"疑难解答"和"知识拓展"专栏，补充最常用的视频编辑知识，帮助读者快速成为视频编辑方面的专家！

光盘内容

● 本书所有实例的素材与最终文件 + 8 小时本书多媒体教学视频
● 164 个知识点解析 + 43 个范例实战 + 3 个综合案例
● DV 拍摄技巧、好莱坞插件电子书
● 超值赠送 3152 个视频、音频、图像、特效等素材

作 者

Chapter

01

初识会声会影

视频编辑知识

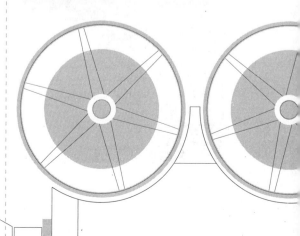

Chapter

03

捕获视频素材

Chapter

04

准备编辑视频

Chapter

05

编辑视频素材

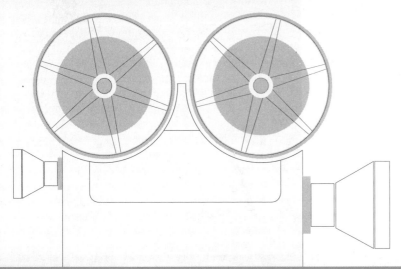

转场效果应用

Contents

目 录

Chapter

07

覆叠效果应用

Chapter

08

标题效果的应用

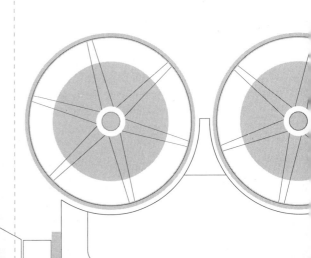

Chapter

09

滤镜效果应用

编辑音频

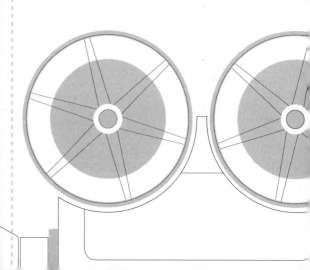

Chapter

11

影片的输出

宝宝成长相册

幸福万年长

Chapter

14

探秘西藏之旅

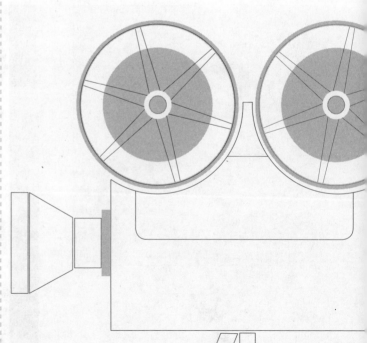

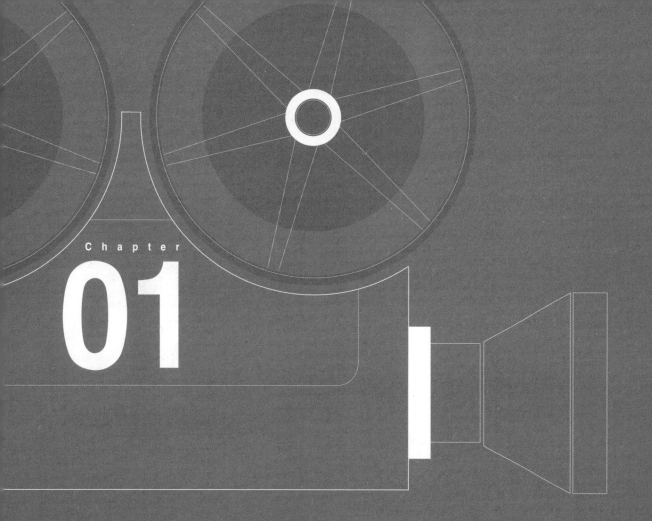

初识会声会影

本章内容简介

会声会影 X4是加拿大软件厂商Corel公司推出的强大的视频编辑软件。它操作简单、功能强大，从捕获、剪辑、转场、特效、覆叠、字幕、配乐到刻录，让用户轻松地制作出专业级的家庭影片。

通过本章学习，用户可了解

① 会声会影 X4的新增功能
② 会声会影 X4的系统需求
③ 会声会影 X4的安装与卸载
④ 使用Corel Guide获取帮助

1.1 会声会影 X4的新增功能

众所周知，会声会影具有操作简单、效果出众等特点，新版本会声会影 X4 在继承以上优点的同时也有了新的改进，它可以自定义工作界面，可以更加方便、快捷地管理素材，支持双显示器剪辑，新增缩时摄影、定格动画和局部马赛克等特效。

1.1.1 自定义工作界面

会声会影 X4 中，用户可完全自定义的工作区，即用户按照自己所需的工作环境更改各个面板的大小和位置，从而让用户在编辑视频时更方便、更灵活。该功能可优化用户的编辑工作流程，特别是在现在的大屏幕或双显示器上，如右图所示，可以把预览窗口从左边移到右边，这样可以方便从素材库向视频轨中拖拉添加素材。

1.1.2 定格动画

定格动画通过逐格拍摄对象后使之连续放映，从而产生有别于其他动画的奇特效果。在会声会影 X4 中只需有一台数码相机、丰富的想象力，再加上会声会影 X4 的后期处理，就能制作出自己的定格动画影片。会声会影 X4 使用数码相机中的照片制作的定格动画，如右图所示。

1.1.3 增强的素材库面板

在会声会影 X4 中，素材库面板得到了进一步的增强，能够快速地组织并查找内容，包括视频、音频、照片、滤镜、图形和转场等素材。它可以自定义文件夹，使会声会影 X4 在素材的操作管理上更加方便和直接；可以同时导入照片、视频和音频等素材文件，还可以自动依照日期、文件类型和名称为其排列顺序，如右图所示。

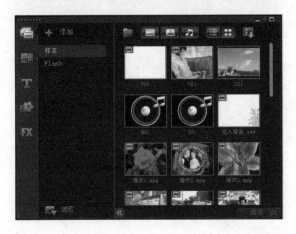

1.1.4 WinZip智能包集成

会声会影X4可为智能包提供WinZip存档选项，只需在"智能包"对话框中选择"压缩文件"选项即可，如右图所示。项目中所有的元素都将被打包在一起，用户可在其他计算机的会声会影X4中打开，从而保证视频编辑效果不会因环境的变化而发生任何改变。

1.1.5 项目模板共享

在使用会声会影 X4编辑影片的过程中，使用项目模板功能可以快速地制作影片，只需要在模板基础上修改并把模板中的素材替换即可。另外，使用项目模板共享功能可以将项目导出为"即时项目"模板，然后为整个项目应用统一的样式，如右图所示。

1.1.6 时间流逝和频闪效果

在会声会影 X4 中，只需对帧设置进行少许调整，即可为视频和照片应用时间流逝和频闪效果。

例如，想要产生时间流逝效果，则可对一个影片设置保留一个帧后丢弃两个帧，帧持续时间为一个帧，如果帧的持续时间超过一个帧，则会产生频闪效果。如右图所示。但是此功能不能设置关键帧，不可以分段调节速度。

新功能体验——灵活运用标题文字动画

🔊 **案例描述**	◎ **要点提示**	灵活运用标题文字
	🖼 **上 手 度**	★★★★★
在会声会影 X4中，可以将预设标题拖曳到影片覆叠轨中，然后修改文字，轻松地制作出标题动画。	🖨 **原始文件**	江心公园游记.vsp
	🖨 **结果文件**	江心公园游记.vsp

01 双击打开"\ 实例文件 \ 第 1 章 \ 原始文件 \ 江心公园游记 .vsp"文件。

02 单击"标题"按钮，切换至"标题"选项卡，此时素材库中将显示系统预设的标题。

03 从中选择需要的标题样式，将其拖至第 2 个覆叠轨上并双击。

04 在预览窗口中双击选择现有标题，按 Delete 键删除并输入文字"江心公园游记"。

05 在"编辑"选项卡中设置字体、大小、位置和区间等，再单击导览区中的"播放"按钮。

06 双击"标题轨"按钮，此时可在预览窗口中看到"双击这里可以添加标题"的字样。

07 在预览窗口中双击显示的字样，将出现一个文本输入框，在文本框中输入文字"2011 年 5 月 1 日"，在"编辑"选项卡中设置文字的字体大小、位置和区间等（具体方法参见第 8 章）。

08 单击预览窗口下的"播放"按钮，即可看到最终效果。

1.2 会声会影 X4 的系统需求

任何软件的正常运行都需要一定的计算机硬件支持，否则无法运行。会声会影 X4 也不例外，本节将对该软件的运行环境进行介绍。

1.2.1 系统要求

由于视频编辑需要占用较多的计算机资源，所以对计算机硬盘、内存和处理器的要求都比较高，下表是该软件运行的基本配置与推荐配置。

表 1-1 系统配置

硬件名称	最低配置	推荐配置
CPU	Intel Core Duo 1.83GHz 处理器或 AMD Dual Core 2.0GHz	Intel Core2 Duo 2.4GHz 处理器或 AMD Dual Core 2.4GHz 或更快的处理器
内存	1GB	2GB或更高
显卡	256MB VRAM	512MB VRAM或更高
显示器	1024 x 768	1024 x 768或更高
声卡	Windows® 兼容声卡	Windows® 兼容声卡
硬盘	3GB 可用硬盘空间	5GB以上可用硬盘空间
光驱	Windows 兼容 DVD-ROM	Windows 兼容 DVD-ROM
刻录机	Windows 兼容 DVD刻录机	Windows 兼容 Blu-ray Disc 刻录机

了解了会声会影 X4 对系统的要求后，接下来用户可以动手查看自己的计算机是否达到了基本的要求。查看过程很简单，具体如下。

01 右击桌面上的"计算机"图标，在弹出的快捷菜单中选择"属性"命令，打开系统窗口可以看到当前计算机处理器、内存等相关配置信息。

02 单击系统窗口左侧的"设备管理器"链接，打开"设备管理器"窗口，其中显示了该主机的所有硬件设备，如光驱、磁盘驱动器等信息。

03 在"设备管理器"窗口中单击"磁盘驱动器"前的三角形按钮，然后双击其下方的 ST9250315AS选项。ST9250315AS是硬盘名称。

04 在弹出的"ST9250315AS 属性"对话框中选择"卷"选项卡并单击"写入"按钮，在"卷"选项卡中可以看到该磁盘的类型、状态、分区形式和容量等信息。

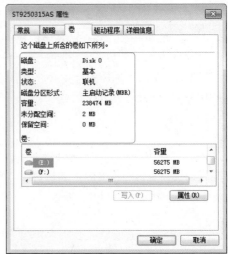

05 在"开始"菜单的"搜索程序和文件夹"文本框中输入dxdiag,然后按Enter键确认。

06 弹出"DirectX诊断工具"提示对话框,单击"是"按钮。

07 在打开的"DirectX诊断工具"对话框中单击"显示"标签,切换到"显示"选项卡,在该选项卡的"设备"选项组中可以看到该机显卡的估计内存总数为1 324MB。

1.2.2 支持的输入/输出设备

影片编辑的第一步就是捕获视频素材。捕获视频素材一般是指将视频源(DV摄像机,数码相册等)中的视频素材通过视频捕获卡等视频输入设备,传输到计算机系统中的过程。在这一过程中,会声会影X4支持如下几种输入设备。

- 适用于DV、D8或HDV摄像机的IEEE 1394 FireWire卡
- USB Video Class(UVC)DV
- 支持OHCI标准的IEEE-1394
- 模拟摄像机的模拟捕获卡
- 模拟和数字电视捕获设备

- 录制到存储器、内存卡、DVD 光盘或硬盘的摄像机
- USB 捕获设备、PC 摄像机、网络摄像头

影片编辑完成后，最后的工作就是输出了。会声会影 X4 提供了多种输出方式，以适合不同的需要。会声会影 X4 支持如下几种输出设备。

- Windows 兼容 Blu-ray 光盘、DVD-R/RW、DVD+R/RW、DVD-RAM 和 CD-R/RW 驱动器
- iPhone、iPad、带视频功能的 iPod Classic、iPod touch、Sony PSP、Pocket PC、Smartphone 和 Nokia 手机

1.2.3 硬件加速

会声会影X4能够利用高性能硬件的支持，快速地进行编辑和输出转换，但是硬件解码器和编码器的加速需要高版本的操作系统支持，如Windows Vista或Windows 7，且至少需要 512MB 的显示内存（VRAM）。

启用硬件加速设置，可以提高会声会影 X4 的编辑性能，具体操作步骤如下。

01 打开会声会影 X4 应用程序，执行"设置 > 参数选择"命令。

02 打开"参数选择"对话框，可以对多个参数进行自定义设置。

03 切换到"性能"选项卡，分别勾选"编辑过程"和"文件创建"选项组内的"使用硬件解码器加速"复选框。

 提示

硬件解码器加速

勾选"编辑过程"选项组下的"使用硬件解码器加速"复选框，可以通过使用视频图形加速技术和可用的硬件增强编辑性能并提高素材和项目回放速度。要获得最佳性能，VGA卡必须支持DXVA2 VLD模式及Vertex和PixelShader 2.0 或更高版本。勾选"文件创建"选项组下的"使用硬件解码器加速"复选框，可以缩短制作影片所需的渲染时间。此外，程序会自动检测用户系统的硬件加速功能。若不支持此功能，则该选项不可用（灰色）。

在学习会声会影 X4 软件之前，首先需要安装会声会影 X4 软件。通常，用户可以通过购买或到官方网站下载等方式获得会声会影 X4 安装程序。

1.3.1 会声会影 X4 的安装

在了解会声会影 X4 的系统要求并检查了自己计算机的配置后，接下来就可以在计算机中安装该软件了。其安装操作具体如下。

01 双击安装程序文件，系统将会自动运行，并进入安装向导。

02 随后安装向导会自动执行初始化操作。

03 初始化完成后将进入许可证协议页面。勾选"我接受许可证协议中的条款"复选框。

04 单击"下一步"按钮，打开"设置"页面，并进行相关设置，如设置当前使用的视频标准、安装位置等。

05 设置完成后单击"立刻安装"按钮，整个安装过程将以进度条的形式显示。

06 待安装完成后，将会显示相应的完成信息。在此单击"完成"按钮即可。

1.3.2 会声会影 X4的卸载

当不再使用会声会影 X4 软件，或是误删除其中的某些系统文件而不能正常使用时，用户可以将会声会影 X4 卸载。下面对卸载操作进行介绍。

01 单击"开始"按钮，在打开的"开始"菜单中选择"控制面板"菜单命令。

02 打开"控制面板"窗口，选择"程序和功能"选项。

03 进入"卸载或更改程序"页面，在其中双击 Corel VideoStudio Pro X4 选项。

04 在初始化安装向导后，随即会弹出如下页面，勾选"清除 Corel VideoStudio Pro X4 中的所有个人设置"复选框。

05 单击"删除"按钮，系统开始删除会声会影 X4 程序。

06 提示完成后，单击"完成"按钮，退出卸载向导，此时会声会影 X4 成功卸载。

1.4 启动和退出应用程序

在介绍了如何安装与卸载会声会影 X4 之后，本节介绍如何启动和退出会声会影 X4，这是使用会声会影 X4 编辑视频的基本操作。

1.4.1 会声会影 X4 的启动

当正常安装会声会影 X4 后，用户便可以使用它了。下面对其启动操作进行介绍。

01 在 Windows 7 操作系统的任务栏中执行"开始 > 所有程序 >Corel VideoStudio Pro X4"命令，如下图所示。

02 或直接双击桌面上 Corel VideoStudio Pro X4 的快捷方式，随即会弹出会声会影 X4 的启动界面，如下图所示。

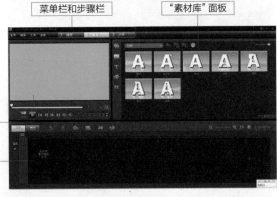

03 稍等片刻将直接进入会声会影 X4 操作界面，用户可以根据需要对各面板的属性进行调整，如右图所示。（关于操作界面的详细介绍可查看第 4 章。）

1.4.2 会声会影 X4 的退出

完成对视频的编辑处理后即可退出会声会影 X4。退出会声会影 X4 的方法有以下几种。

方法1：单击标题栏最右端的"关闭"按钮。

方法2：执行菜单栏的"文件>退出"命令。

方法3：右击会声会影 X4 最上方的空白处，在弹出的快捷菜单中选择"关闭"命令。或直接按 Alt+F4 组合键，如右图所示。

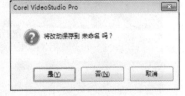

如果在退出之前没有保存项目，在退出时会声会影 X4 系统将会给出提示信息，如上图所示。单击"是"按钮，会声会影 X4 就会保存文档并退出程序。单击"否"按钮，会声会影 X4 不保存项目而直接退出。

下载并安装模板和字体

🔊 **案例描述**		◎ **要点提示**	下载并安装模板
Corel Guide 提供了与会声会影 X4相关的最新信息。可以通过它下载新的模板、音频、标题和工具等。		🖼 **上 手 度**	★★★★★
		🖨 **原始文件**	无
		🖨 **结果文件**	无

01 启动会声会影 X4后，单击"转场"或"滤镜"按钮，在右侧单击"获取更多内容"按钮。

02 在弹出的对话框中，单击"模板"按钮，进入官方模板下载预览窗口，从中选择适当的样式，单击"立即下载"按钮。

03 系统将自动进行下载。下载完毕后，在安装选项对话框中，单击"立即安装"按钮，进入"许可证协议"页面。

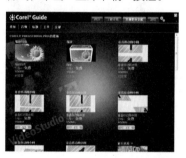

04 选中"我接受许可证协议中的条款"单选按钮，然后单击"安装"按钮。

05 在弹出的对话框中单击"完成"按钮，即可完成模板的安装。

06 安装完成后，该模板的全部素材与项目文件默认存放在系统盘指定文件夹内。

1.5 使用Corel Guide获取帮助

运用会声会影 X4 的 Corel Guide 可以自动更新程序，可以获得影片编辑的学习帮助，还可以下载最新的模板、标题和字体等，如下图所示。

下面介绍如何通过帮助文件查看"修整素材"的相关操作。

01 单击应用程序窗口右上角的"帮助与产品信息"按钮，打开 Corel Guide 窗口。

02 切换至"了解详情"选项卡，然后单击"启动帮助"按钮。

03 随即将启动会声会影 X4 的帮助系统。

04 单击帮助系统中的"搜索"按钮，在文本框中输入"修整素材"关键字。

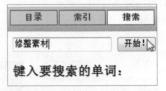

05 单击"开始"按钮，在右侧的窗口中系统将自动搜索出"修整素材"的相关学习帮助，用户可根据帮助学习如何"修整素材"，如右图所示。同理，用户还可以通过该窗口查看其他操作的帮助文件。

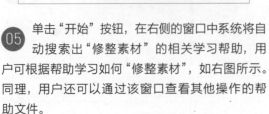

疑难解答

Q: 用会声会影 X4刻录好的DVD光盘为什么在家用DVD机上不能播放？

A: 有可能是以下几个原因造成的。

（1）在刻录光盘时，设置成了miniDVD格式——这种格式某些DVD机不支持。

（2）采用了可擦写光盘刻录DVD光盘，某些DVD机对其不能很好兼容。

（3）刻录速度太快造成光盘兼容不好。

（4）部分播放机对DVD+R格式不支持，可以换成DVD-R格式试试看。

（5）在刻录时如果没有关闭杀毒软件，也有可能使光盘兼容性变差。

Q: 如何导入下载的模板？

A: 下载的模板通常安装在C:\Users\Administrator\Documents\Corel VideoStudio Pro目录下，需要在会声会影X4的即时项目中进行导入操作，导入成功后将显示在"即时项目"对话框的"自定义"项目下。

Q: 在播放QuickTime 文件时，无法控制怎么办？

A: 在播放 QuickTime 文件时会遇到回放不流畅，或者在播放后按"停止"按钮不能切换到"开始"按钮的问题。此时可以将QuickTime 视频设置切换到安全模式。

Q: 在单色的背景素材上渲染文字标题时，文字变得模糊，为什么？

A: 这是由特定的压缩类型造成的。要获得较好的效果，可尝试使用 Video1、RLE或"不压缩"选项。

Q: 如何避免视频图像变形？

A: 为了避免视频图像变形，可进行平滑回放，平滑回放不会出现跳帧现象。用户可以自定义项目属性，建议将项目属性与将要捕获的视频的属性保持一致。这是因为"项目属性"对话框中的项目设置确定了项目在屏幕上预览时的外观和质量。打开"项目属性"对话框的操作很简单，执行"设置>项目属性"命令即可打开，如下图所示。

下面对常见的非线性编辑软件进行介绍。

非线性编辑，是相对于传统上以时间顺序进行线性编辑而言的。传统线性视频编辑，需要较多的外部设备，如放像机、录像机、特技发生器和字幕机等，工作流程十分复杂。非线性编辑借助计算机来进行数字化制作，几乎所有的工作都在计算机里完成，不再需要那么多的外部设备，对素材的调用也是瞬间实现，，具有快捷简便、随机的特性。

1. Premiere Pro软件

Premiere 软件为家庭视频编辑提供了创造性和可靠性的完美结合。它可自动处理任务，提供丰富的特效、转场。利用菜单和场景索引可快速编辑，添加有趣的效果，并创建自定义 DVD。该软件惟一的缺点就是对系统配置要求较高，特别是mov、mpg 格式文件，或者文件比较大时，编辑速度非常慢。其编辑界面如右图所示。

2. Sony Vegas

Sony Vegas 是一个专业影像编辑软件，是一款整合影像编辑与声音编辑的软件，其中无限制的视轨与音轨更是其他影音软件所没有的特性。不论是专业人士或是个人用户，都可因其简易的编辑界面而轻松上手。其编辑界面如右图所示。

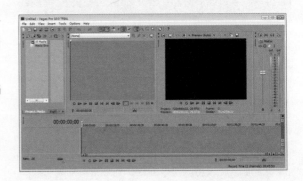

3. Windows Movie Maker

Windows Movie Maker 是一款免费的入门级视频编辑软件，它可谓是"麻雀虽小，五脏俱全"，无论是转场，特效还是字幕，都可以提供基本的支持，只是在数量和可定制程度上大大落后于其他产品。它拥有一套完整的视频采集、非线性编辑和输出系统，并且依托微软强大的技术优势。但是，它目前的输出功能还比较单一。不过，如果用户视频输出的目的就是网络分享，那么Windows Movie Maker 应该是最好的选择。其编辑界面如右图所示。

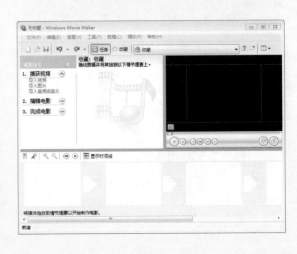

Chapter

02

////////////////
视频编辑知识

本章内容简介

在学习视频编辑之前，首先要了解会声会影 X4 的工作方式、视频编辑的相关知识和一些基本的编辑术语等。本章着重介绍用户在进行视频编辑工作之前需要掌握的基础知识。

通过本章学习，用户可了解

① 线性编辑与非线性编辑的区别
② 数码摄像机的种类
③ 常见的视频和音频格式
④ 不同类型的传输设备

2.1 线性编辑和非线性编辑

视频编辑一般分为线性编辑和非线性编辑两种，会声会影 X4是一款非线性编辑软件。正是因为其具备了非线性编辑特性，才使得视频编辑可以不再依赖于编辑机、字幕机和特效机等价格昂贵的硬件设备，普通的家庭用户也可以使用它轻松地编辑视频。

2.1.1 线性编辑

线性编辑是录像机通过机械运动使用磁头将25帧/秒的视频信号顺序记录在磁带上，在编辑时也必须顺序寻找所需要的视频画面。线性编辑以原始的录像带为素材，以线性搜索的方法找到想要的视频片段，然后将所有需要的片段按照顺序录制到另一盘录像带中。在这个过程中，剪辑师必须使用播放、暂停和录制等功能来完成基本的剪辑工作。如果在剪辑时出现了任何的失误，都必须回到起点重新录制。

由此可见，线性编辑需要耗费很多时间，操作起来比较复杂，而录像带在经过了反复的录制、剪辑和添加特效、字幕等流程后，画面质量也会变得越来越差。

线性编辑一般需要有放映机、录像机、编辑机、字幕机和特效机等设备。这些专业设备价格昂贵，一般都需要数十万元。

2.1.2 非线性编辑

非线性编辑是对输入的各种视频、音频信号进行A/D（模/数）转换，采用数字压缩技术存入计算机的硬盘中。非线性编辑没有采用磁带而是用硬盘作为存储介质，记录数字化的视频、音频信号。由于硬盘可以满足任意一帧画面的随机读取和存储，这样就实现了编辑的非线性。

非线性编辑将传统的电视节目后期制作中的切换机、数字特技、录像机、录音机、编辑机、调音台、字幕机、图形创作系统等设备集成于一台计算机内，用计算机来处理、编辑图像和声音，再将编辑好的视频和音频信号输出。能够进行非线性编辑的软件包括会声会影和Premiere等。

非线性编辑的 3 个特点
- 非线性视频编辑是对数字视频文件的编辑和处理。它与计算机处理其他的数据文件一样，可以随时、随地、多次反复地编辑和处理。
- 非线性编辑系统在实际的编辑过程中只是编辑点和特技效果的记录，因此任意地剪辑、修改、复制、调动画面前后的顺序都不会引起画面质量的下降，这样就克服了传统设备的致命弱点。
- 非线性编辑系统设备小型化，功能集成度高，与其他的非线性编辑系统或普通个人计算机易于联网而形成网络资源的共享。

以光盘和硬盘作为存储介质，使视频非线性编辑的应用得到了极大扩展。光盘和硬盘是平面检索，寻址快而准确，录放时工作头不接触盘片，没有磨损，因此反复录放，图像质量也不会降低。非线性编辑的巨大改进还体现在视频码率压缩。码率压缩技术的进步使得在低码率下仍有很高质量的图像，光盘或硬盘的容量不再是制约非线性编辑的瓶颈。而且，码率压缩可以很容易地实现时间轴上的压扩。

对存储于光盘或磁盘中的素材进行非线性编辑时，只要定下素材的长短并按照连接顺序编一个节目表，即可完成所有节目的编辑。编辑而成的节目其实只是素材的连接表，无论进行多少次编辑都不会对信号的质量产生任何影响。所以非线性编辑既省时又省设备，同时还能确保信号的质量。

2.2 视频源

凡是能够输出视频的设备都可以作为视频源，常见的视频源包括：录像机、DVD 或 VCD 播放机、LG 播放机、网络摄像头以及各种模拟或数码摄像机等。

2.2.1 模拟摄像机

模拟摄像机输出的是模拟信号，即视频、音频信号的幅度和时间都是连续变化的信号。常见的模拟摄像机有两种，一种是索尼 V8 摄像机，另一种是索尼 Hi8 摄像机。

这两种摄像机除了使用的录像带不同之外，最大的差异在于水平分辨率不同。V8 摄像机的水平分辨率只有 280 线，而 Hi8 摄像机的水平分辨率约为 400 线。目前 V8 摄像机由于分辨率太低，已经基本被市场淘汰。

2.2.2 数码摄像机

数码摄像机就是日常所说的DV。DV是Digital Video的缩写，译成中文就是"数字视频"的意思，它是一种数码视频格式，但是在绝大多数场合DV则是代表数码摄像机的意思。它的存储介质包括光盘、硬盘、存储卡等。

数码摄像机按使用用途可分为：广播级机型、专业级机型及消费级机型 3 类，下面分别进行介绍。

1. 广播级机型

这类机型主要应用于广播电视领域，性能全面，信噪比最大，图像质量最好，但价格较高（通常是几十万元），体积也比较大。代表机型为索尼公司的 BVP–70P 型 EFP 摄像机，如右图所示。

2. 专业级机型

这类机型一般应用在广播电视以外的专业电视领域，如电化教育等，图像质量低于广播级摄像机，不过近几年一些高档专业摄像机的部分性能指标已超过旧型号的广播级摄像机，其价格一般在数万至十几万元之间。相对于消费级机型来说，专业 DV 不仅外型酷，起眼，而且在配置上要高出不少，在成像质量和适应环境上更为突出。对于追求影像质量的用户来说，影像质量提高给人带来的惊喜，完全不是能用金钱来衡量的。代表机型为索尼公司的 DVCAM 系列，如右图所示。

3. 消费级机型

这类机型主要是适合家庭使用的摄像机，应用在图像质量要求不高的非专业场合，如家庭娱乐、旅游记录等。该类摄像机体积小、重量轻，便于携带，操作简单。其价格一般在数千元至万元之间。如果再把家用数码摄像机细分类的话，大致可以分为入门 DV、中端消费级 DV 和高端准专业 DV 产品 3 种类型。常见的消费级机型如下图所示。

2.3 常见素材格式及术语

随着数字技术的迅速发展，各种各样的视频、音频格式不断出现。下面介绍常见的素材格式及其术语。

2.3.1 常见的视频格式

数字视频（Digital Video）简称 DV，是定义压缩图像和声音数据记录及回放过程的标准。它同时包含 DV 格式的设备和数字视频压缩技术两种含义。在视频编辑前，需要熟悉各种各样的视频编辑素材的格式，了解它们的属性，才能更好地进行视频编辑。

表 2-1 会声会影支持的输入格式

视频	AVI、MPEG-1、MPEG-2、AVCHD、MPEG-4、H.264、BDMV、DV、HDV、DivX、QuickTime、RealVideo、Windows Media Format、MOD（JVC MOD 文件格式）、M2TS、M2T、TOD、3GPP、3GPP2
音频	Dolby Digital Stereo、Dolby Digital 5.1、MP3、MPA、WAV、QuickTime、Windows Media Audio
图像	BMP、CLP、CUR、EPS、FAX、FPX、GIF、ICO、IFF、IMG、J2K、JP2、JPC、JPG、PCD、PCT、PCX、PIC、PNG、PSD、PSPImage、PXR、RAS、RAW、SCT、SHG、TGA、TIF、UFO、UFP、WMF
光盘	DVD、视频 CD（VCD）、超级视频 CD（SVCD）

表 2-2 会声会影支持的输出格式

视频	AVI、MPEG-2、AVCHD、MPEG-4、H.264、BDMV、HDV、QuickTime、RealVideo、Windows Media Format、3GPP、3GPP2、FLV
音频	Dolby Digital Stereo、Dolby Digital 5.1、MPA、WAV、QuickTime、Windows Media Audio、Ogg Vorbis
图像	BMP、JPG
光盘	DVD（DVD-Video/DVD-R/AVCHD）、蓝光光盘（BDMV）

常用的视频格式有以下几种。

1. AVI格式

AVI（Audio Video Interleaved）是一种音频视像交叉记录的数字视频文件格式。AVI 技术及其应用软件 VFW（Video for Windows）是 1992 年初微软公司推出的。在 AVI 文件中，运动图像和伴音数据以交叉的方式存储，并独立于硬件设备。这种交叉组织音频和视频数据的方式使得读取视频数据时能更有效地从存储媒介得到连续的信息，从而构成一个 AVI 文件。该格式的优点是兼容性相对好、调用比较方便而且图像质量好，缺点是体积相对于其他格式来说过于庞大。

2. MOV格式

MOV（Movie Digital Video Technology）即 QuickTime 影片格式，它是苹果公司开发的一种音频、视频文件格式。MOV 格式具有跨平台、存储空间小的优点，因而得到了业界的广泛认可，无论是 Mac 的用户还是 Windows 的用户，都可以享受 MOV（QuickTime）所带来的愉悦。QuickTime 文件格式支持 25 位彩色，支持领先的集成压缩技术，提供 150 多种视频效果，并配有 200 多种 MIDI 兼容音响和设备的声音装置。新版的 QuickTime 进一步扩展了原有的功能，包含了基于 Internet 应用的关键特性。QuickTime 同时是一种跨平台的软件产品，利用 QuickTime 播放器，用户能够很轻松地通过 Internet 观赏到以较高视频和音频质量传输的电影、电视和实况转播节目。

3. MPEG格式

MPEG（Moving Picture Experts Group）即运动图像专家组格式。MPEG 文件格式是运动图像压缩算法的国际标准，它采用有损压缩的方法，从而减少了运动图像中的冗余信息。目前，MPEG 格式有 3 个压缩标准，分别是 MPEG-1、MPEG-2 和 MPEG-4，其详细介绍如下表所示。

表 2-3 MPEG 压缩标准

压缩标准	制定时间	主要特点	文件扩展名
MPEG-1	1992年	针对1.5Mbit/s以下数据传输率的数字存储媒体运动图像及其伴音编码而设计的国际标准，即通常所见到的VCD制作格式	该视频格式的文件扩展名包括.mpg、.mlv、.mpe、.mpeg及VCD光盘中的.dat等
MPEG-2	1994年	针对高级工业标准的图像质量以及更高的传输率而设计。该格式主要应用在DVD/SVCD的制作（压缩）方面，同时在一些HDTV（高清晰电视广播）和一些高要求的视频编辑、处理中也有相当广泛的应用	该视频格式的文件扩展名包括.mpg、.mpe、.mpeg、.m2v及DVD光盘上的.vob等
MPEG-4	1998年	该标准是为了播放流式媒体的高质量视频而专门设计的，它可以利用很窄的带宽，通过帧重建技术压缩和传输数据，以求使用最少的数据获得最佳的图像质量。MPEG-4最有吸引力的地方在于它能保存接近于DVD画质的小体积视频文件	视频格式的文件扩展名包括.asf、.mov、.DivX和.avi等

4. VCD格式

VCD（Video CD）大多是采用 MPEG-1 压缩算法。需要注意的是，VCD 2 并不是指 VCD 采用 MPEG-2 压缩的。VCD 格式图像分辨率为 352×288 像素（PAL 制式）或 352×240 像素（NTSC 制式）。MPEG-1 压缩算法可以把一部 120 分钟长的电影（原始视频文件）压缩到 1.2GB 左右大小。

5. SVCD格式

SVCD 通常被描述为 VCD 的增强版本，它基于 MPEG-2 技术，支持可变位速率（VBR），图像分辨率为480×576像素（PAL制式）或480×480像素（NTSC制式）。SVCD光盘可以在播放机等工作平台上播放，可以获得满屏的高分辨率视频画面，播放时间是30～45分钟/盘。也可以将播放时间延长到70分钟，但必定会降低声音和图像的质量。

6. DVD格式

DVD（Digital Versatile/Video Disc）是现在普遍使用的视频格式，它基于MPEG-2技术。MPEG-2压缩算法可以把一部120分钟长的电影（原始视频文件）压缩到4～8GB大小，图像分辨率为720×576像素（PAL制式）或720×480像素（NTSC制式）。拥有会声会影和DVD刻录机就可以制作带有互动菜单的DVD影片，并且可以在DVD-ROM以及家用DVD播放机上播放。

7. ASF格式

ASF（Advanced Streaming Format）是高级"流"视频格式。它使用了MPEG-4压缩算法，所以压缩率和图像的质量都很不错。ASF的主要优点包括：本地或网络回放、可扩充的媒体类型、部件下载以及扩展性等。ASF的图像质量比VCD差一些，但比同是视频"流"格式的RAM格式要好。

8. WMV格式

WMV（Windows Media Video）是微软公司制定的视频格式。与ASF格式一样，WMV也采用了MPEG-4编码技术，并在其规格上进行了进一步的开发，使得它更适合在网络上传输，而且能够在标准的Windows媒体播放器上播放。WMV 9是微软最新发布的流媒体编码标准。

9. DivX格式

DivX视频编码技术可以说是DVD最具威胁的新生视频压缩格式对手，因此有人戏谑它是DVD杀手。它采用MPEG-4压缩算法，采用该技术压缩一张DVD只需要两张CD-ROM！这样就可以不买DVD而采用CD来取代之。况且这种编码对计算机系统配置的要求也不高，只要CPU频率大于300MHz、内存容量大于等于64MB、显卡显存容量大于等于8MB就可以流畅地播放了。

10. RealVideo格式

RealVideo格式一开始就定位于视频流应用，可以算得上是视频流技术的始创者。它可以在用56KB Modem拨号上网的条件下实现不间断视频播放，当然其图像质量和ASF、DivX相比要逊色不少。

11. RMVB格式

RMVB格式是一种由RM视频格式升级而来的新视频格式。它的先进之处在于打破了RM格式平均压缩采样的方式，在保证平均压缩比的基础上合理地利用带宽，对静止和动作场面少的画面场景采用较低的编码速率，留出更多的带宽空间——留出的带宽会在出现快速运动的画面场景时被利用。

12. nAVI格式

nAVI（newAVI）是由一个名为ShadowRealm的组织研发的一种新的视频格式。它是由微软ASF压缩算法修改而来的（并不是AVI）。视频格式追求的无非是压缩率和图像质量，所以nAVI为了追求这个目标，改善了原始的ASF格式的一些不足，让nAVI可以拥有更高的帧率（Frame Rate）。当然，这是以牺牲ASF的视频流特性作为代价的。概括来说，nAVI就是一种去掉视频流特性的改良型ASF格式，再简单点说它就是非网络版本的ASF。

批量转换视频格式

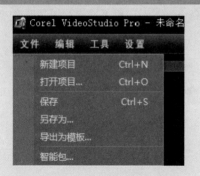

◀)) 案例描述	◎ 要点提示	视频格式的转换
在编辑过程中常常会用到很多视频素材，但由于视频素材的格式往往各不相同，并且有些格式不能直接导入会声会影中，所以就需要先对其进行格式转换后才能使用。	🖥 上手度	★★☆☆☆
	🖨 原始文件	1.MOV、2.MOV、3.MOV、4.MOV、5.MOV
	🖨 结果文件	无

01 打开会声会影 X4，然后在菜单栏中执行"文件 > 成批转换"命令。

02 打开"成批转换"对话框，单击右侧的"添加"按钮。

03 打开"打开视频文件"对话框，从中选择合适的文件。

04 返回后将会发现所要进行视频格式转换的文件已被添加到"成批转换"对话框中。在此还可以对文件的保存位置及保存类型等选项进行设置。单击"转换"按钮对所有的视频文件进行重新渲染。

05 待转换操作完成后，将会弹出"任务报告"对话框，单击"确定"按钮完成格式转换。

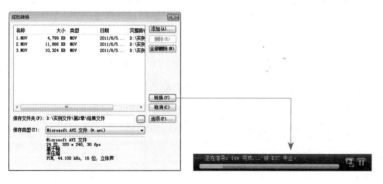

2.3.2 常见的音频格式

数字音频是指用来表示声音强弱的数据序列，由模拟声音经抽样、量化和编码后得到。通俗一点说，数字音频的编码方式就是数字音频格式，不同的数字音频设备一般都对应着不同的音频文件格式。下面将对常见的几种数字音频格式进行介绍。

1. WAV格式

WAV格式是微软公司开发的一种声音文件格式，也叫波形声音文件，是最早的数字音频格式，受Windows平台及其应用程序广泛支持。WAV格式支持多种压缩算法，支持多种音频位数、采样频率和声道，采用44.1kHz的采样频率，16位量化位数，其音质与CD相差无几，但因WAV格式对存储空间的需求太大，因此不便于交流和传播。

2. MP3格式

MP3的全称是MPEG Audio Layer3。MP3能够以高质量的采样率对数字音频文件进行压缩。换句话说，音频文件能够在音质损失很小的情况下（人耳根本无法觉察这种音质损失）把文件压缩到更小程度。

3. MP4格式

MP4采用的是美国电话电报公司（AT&T）研发的以"知觉编码"为关键技术的A2B音乐压缩技术，它是由美国网路技术公司（GMO）及RIAA联合发布的一种新型音乐格式。MP4的压缩比达到了1:15，体积较MP3更小，但音质却没有下降。不过因为只有特定的用户才能播放这种文件，因此其流传程度与MP3相差甚远。

4. Real Audio格式

Real Audio是由Real Networks公司推出的一种文件格式，其最大的特点就是可以实时传输音频信息。尤其是在网速较慢的情况下，仍然可以较为流畅地传送数据，因此Real Audio主要适用于网络上的在线播放。其文件格式主要有RA、RM、RMX 3种，这些文件格式的共同性在于随着网络带宽的不同而改变声音的质量，在保证大多数人听到流畅声音的前提下，可令带宽较宽敞的听众获得更好的音质。

5. Windows Media格式

Windows Media Audio简称WMA，它是微软在网络音频和视频领域的力作。WMA格式以可以减少数据流量但保持音质的方法，来达到更高的压缩率目的。其压缩率一般可以达到1:18。此外，WMA还可以通过DRM（Digital Rights Management）方案防止拷贝，或者限制播放时间和播放次数，甚至限制播放机器，这样可以有力地防止盗版。

6. MIDI格式

MIDI是Musical Instrument Digital Interface的缩写。它是一个国际统一标准，定义了计算机音乐程序、数字合成器及其他电子设备交换音乐信号的方式，规定了不同厂家的电子乐器与计算机连接的电缆和硬件及设备间数据传输的协议，可以模拟多种乐器的声音。MIDI文件就是MIDI格式的文件，在MIDI文件中存储的是一些指令。把这些指令发送给声卡，声音即可按照指令将声音合成出来。

此外，常见的音频格式还包括Liquid Audio、Audible、VOC、AU、AIFF（.AIF）、Amiga、MAC、S48、AAC等。感兴趣的读者可以自行查阅相关资料。

设置系统的录音功能

◀)) 案例描述	◎ 要点提示	录音设备的调整
在使用会声会影X4的过程中，用户可以为影片添加录音。在完成这一操作之前，需要先调整系统中的录音设备。	🖼 上　手　度	★★☆☆☆
	🖨 原始文件	无
	🖨 结果文件	无

01 右击任务栏中的"音量"图标◀)，在弹出的快捷菜单中选择"录音设备"命令。

02 打开"声音"对话框，在"录制"选项卡中可以看到未被禁用的录音设备。右击空白处，在弹出的快捷菜单中选择"显示禁用的设备"命令，系统将显示被禁用的设备。

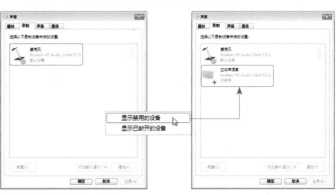

03 在"立体声混音"选项上右击，在弹出的快捷菜单中选择"启用"命令，将"立体声混音"设备启用。然后再通过右键菜单将其设置为录音的默认设备。

04 打开其"属性"对话框调整音量。建议将录音音量设置为40～60。

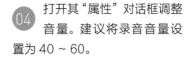

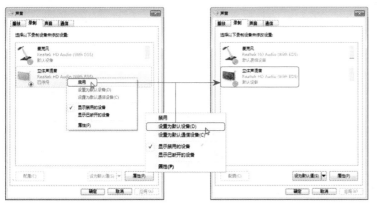

2.3.3 视频编辑的常用术语

下面主要对视频编辑过程中遇到的术语进行介绍。

1. 动画

动画是通过迅速显示一系列连续的图像而产生的动态模拟。

2. 帧与关键帧

帧是视频或者动画序列中的单个图像。关键帧是素材中特定的帧，它被标记的目的是为了控制动画的其他特征。例如，在创建移动路径时指定关键帧来控制对象沿路径移动。创建视频时，在需要大量数据传输的部分指定关键帧有助于控制视频回放的平滑程度。

3. 帧速率（帧/秒）

帧速率是指每秒捕获的帧数或者每秒播放的视频或动画序列的帧数。

4. 导入

导入是将数据从一个程序转入另一个程序的过程。导入后，数据将改变以适应新的程序，而源文件不变。

5. 导出

导出是在应用程序之间分享文件的过程。导出文件时，数据通常被转换为接收程序可识别的格式，源文件保持不变。

6. 转场效果

转场效果是某视频素材代替其他视频素材的过程。

7. 渲染

渲染为输出服务，是在应用转场和其他效果之后，将源信息组合成单个文件的过程。

8. DNLE（数字式非线性编辑）

DNLE是Digital Non-Linear Editing的缩写，它是一种通过组合和编辑多个视频素材来制造成品的方式，可以在编辑过程中的任意时刻随机访问所有源材料。

2.3.4 数字视频的常用术语

下面将主要对数字视频术语进行介绍。

1. V8

由于索尼公司的摄像机广告来势凶猛，因此有相当一部分人都把摄像机简称为V8。他们把电视台的专业大型摄像机叫大V8、家用摄像机叫V8、掌上型摄像机叫小V8。严格地说是不可以这样统称的。V8得名于它使用带宽为8mm的录像带，而且该录像带可以记录摄影与声音。V8的全名为Video 8，其水平分辨率为280线。

2. Hi8

Hi8与V8一样，使用的是8mm带宽的录像带，但其水平分辨率为400线。

3. D8

D8是索尼公司推出的又一种机型，与Hi8和V8一样使用8mm带宽的录像带，不同的是D8以数字信号来录制影音，录影时间缩短为原来带长的一半。D8的全名为Digital 8，其水平分辨率为500线。

4. VHS/VHS-C

所谓的VHS即俗称的"大带"，使用12mm带宽的录像带。VHS-C为VHS的缩小带，片长只有30分钟和40分钟两种。EP是摄像机工作的一种模式，其慢速录像可达90分钟及120分钟，可以使用转换匣将VHS-C变成VHS标准大带，用一般的VHS录放机即可播放。因为它们使用的是12mm的录像带，因此也有人称它们为V12。

5. S-VHS/S-VHS-C

S-VHS/S-VHS-C与VHS/VHS-C同为使用12mm带宽的录像带，但其水平分辨率为400线。

6. DV

DV是新的数字录像带，体积更小、录像时间更长。它使用6.35mm带宽的录像带，以数字信号录制影音，录像时间为60分钟。LP摄像机工作模式可延长拍摄时间至带长的1.5倍。目前市面上的DV录像带有两种规格，一种是标准的DV带，另一种则是小型的miniDV带，一般家用的摄像机使用的录像带都属于miniDV带。

7. IEEE 1394

IEEE 1394是一种允许计算机与DV摄像机、VCR和任何数字视频/音频设备进行高速串行连接的标准。符合此标准的设备每秒至少可以传输100MB的数据。

8. NTSC

NTSC是一种制式，简称N制式，属于同时制，是美国在1953年12月首先研制成功的，并以美国国家电视系统委员会（National Television System Committee）的缩写命名。这种制式的色度信号调制特点为平衡正交调幅制，即包括了平衡调制和正交调制两种。虽然解决了彩色电视和黑白电视相互兼容的问题，但是存在着相位容易失真、色彩不太稳定的缺点。NTSC制式电视的供电频率为60Hz，场频为每秒60场，帧频为每秒30帧，扫描线为525行，图像信号带宽为6.2MHz。

9. PAL

PAL制式是英文Phase Alteration Line的缩写，意思是逐行倒相。它采用逐行倒相正交平衡调幅的技术方法，克服了NTSC制式因相位敏感而造成色彩失真的缺点。新加坡、澳大利亚、新西兰等国家以及我国内地和香港地区采用的是这种制式。PAL制式电视的供电频率为50Hz，场频为每秒50场，帧频为每秒25帧，扫描线为625行，图像信号带宽分别为4.2MHz、5.5MHz、5.6MHz等。PAL制式根据不同的参数细节，又可以进一步划分为G、I、D等制式，其中PAL-D制式是我国内地采用的制式。

10. SECAM

SECAM制式即塞康制，是法文Sequential Colour A Memories的缩写，意思为"按顺序传送彩色与存储"。它是由法国在1966年研制成功的，属于同时顺序制。在信号传输的过程中，亮度信号每行都传送，而两个色差信号则是逐行依次传送，即用行错开传输时间的办法来避免同时传输时所产生的串色以及由其造成的彩色失真。SECAM制式色度信号的调制方式与NTSC制式和PAL制式的调幅制不同，因此它不怕干扰，彩色效果好，但其兼容性较差。世界上采用SECAM制式的主要有俄罗斯、法国、埃及等国家。

11. 像素

像素是组成图像的最小单元。计算机图像是由数排像素组成的，每个像素均可以显示不同的色彩，它通常被用来度量图像的大小。

2.4 不同的视频传输设备

通常各种视频源设备都具有视频输出接口，只要使用相应的连接线将视频输出接口与视频采集设备的输入接口相连，然后通过软件（如会声会影）就可以把视频传输到计算机中。

2.4.1 视频传输线

视频传输线的作用是将视频源与视频捕获设备连接在一起，并通过它们来传输视频信号。常见的视频传输线包括以下几种类型。

1. S端子传输线

常见的 S 端子有 3 种：4 针、7 针、9 针，用来传输模拟信号的视频，如下左图所示。

2. AV端子传输线

AV 端子传输线一般有黄、红、白等 3 个接口。其中黄色的接口用于传输视频信号，而白色和红色的接口则用于传输左右声道的声音，如下右图所示。

3. 有线电视线

有线电视线一般是作为录像机与电视之间的传输线，也可以直接把有线电视信号通过视频捕获卡传输到计算机中，如下左图所示。

4. IEEE 1394线

IEEE 1394 线可以分为 4-Pin 对 6-Pin（如下右图所示）、6-Pin 对 6-Pin 以及 4-Pin 对 4-Pin 等几种类型。在选购时需要根据所连接的设备的接口类型而定。通常，家用摄像机和 IEEE 1394 之间连接所采用的是 4-Pin 对 6-Pin 的 IEEE 1394 线，也就是连线的一端接口较大而另一端接口较小。而 4-Pin 对 4-Pin 的 IEEE 1394 线的两端则都是 4 芯的接口，可以用于两台数码摄像机之间进行对录。

2.4.2 模拟视频传输设备

不同的视频源会生成不同的信号，模拟视频源捕捉的是模拟信号。当把电视、录像带、模拟摄像机等视频源的模拟信号输入到计算机中时，需要在计算机中安装和设置模拟视频设备。常用的模拟视频捕获设备包括 Motion JPEG 捕获卡、软件压缩捕获卡、MPEG 硬件捕获卡以及 USB 接口硬件捕获设备等几种类型。

1. Motion JPEG捕获设备

这类捕获设备以 JPEG 的压缩技术进行视频压缩以及解压缩。JPEG 压缩特性就是在压缩前先决定压缩参数，解压缩时必须根据所设置的参数进行工作。它们通常采用硬件压缩的方式压缩视频文件，捕获的文件必须在安装有相应的压缩编码的计算机中才能正确播放。

Motion JPEG 捕获设备的优点在于：视频品质失真度较低，制作出来的视频品质比一般的模拟视频捕获设备要好很多。Motion JPEG 捕获设备捕获的视频文件扩展名为 .AVI。大多数的 Motion JPEG 捕获设备都具有视频输出功能，编辑完成后可以同步将视频传输到电视或者录像机中。如右图所示为 Motion JPEG 捕获设备 MATROX Marvel G400-TV。

2. 软件压缩的捕获设备

软件压缩的捕获设备的种类非常多，它是通过软件 YUV 或者 RGB 格式的驱动程序捕获视频。目前，很多软件压缩的捕获设备都可以直接捕获 MPEG-2 高分辨率的视频（NTSC 720×480 或 704×480；PAL 720×576 或 704×576）。需要注意的是，一些高端的显示卡也具有模拟视频的捕获功能。有些显示卡还具有 IEEE 1394 接口，同时具有模拟视频、数字视频捕获功能，可以说是一卡多用。对于小型商业用户以及经常需要采集模拟视频和数字视频的用户而言，不妨选择这类产品。如下左图为软件捕获设备 ATI ALL In Wonder Radeon 8500 DV，下右图为外接捕获设备。

3. MPEG硬件捕获卡

MPEG 硬件捕获卡具有硬件实时压缩功能，捕获的文件类型为 MPEG-1 或者 MPEG-2。由于这类捕获设备的驱动程序不符合软件压缩标准 VXD（VFW 外挂模块）或者 WDM（DirectShou 外挂模块），所以一般的视频编辑软件都不能通过它直接捕获视频。在编辑影片时，需要先使用硬件随卡附赠的软件捕获视频素材，然后再把捕获的视频文件添加到视频编辑软件中进一步编辑。这类捕获设备捕获的视频质量较高，由于是直接捕获 MPEG 文件，因此也节省了 AVI 格式转换为 MPEG 格式所需要的时间。

如右图所示为 NVIDIA DualTV MC 硬件压缩采集卡。它可以捕获符合 DVD 规格的 Mpeg-2 影片，画质几乎与原片相同，可以制作成高品质的 DVD 影片。

4. USB接口的外置捕获盒

USB 接口的外置捕获盒大多具有 MPEG 实时压缩功能，捕获方式与 MPEG 硬件捕获卡基本相同，采用新一代的压缩技术可以达到 MPEG-2 的品质。它的优点在于使用方便，即插即用，不需要拆卸计算机即可安装。市场上较具代表性的这类设备包括：ADS USB Instant DVD、Dazzle DVC 90、FAST DVD Master Pro 以及 Monster TV USB2 硬件压缩盒。如右图所示为品尼高 500 USB 二合一采集卡外置采集盒。

2.4.3 数字视频传输设备

随着计算机多媒体和网络技术的发展，数字视频、音频设备已逐渐进入千家万户，每个 DV 爱好者都希望用 DV 记录下精彩的瞬间与人分享。怎样分享呢？这就需要使用 IEEE 1394 卡将摄像机中拍摄的素材传输到计算机中，然后使用编辑软件编辑出自己的 DV 作品。普通的 IEEE 1394 卡几十元，好一点的也就一百多元。

IEEE 1394 采集卡是现有视频采集卡中的一种，由于视频采集卡目前分为硬压缩卡和软压缩卡，因此 IEEE 1394 采集卡常见的有两类。

其一是带有硬件 DV 实时编码功能的 DV 卡。

其二是用软件实现压缩编码的 1394 卡。

现在在 IEEE 1394 采集卡消费品中，主要是 DV 卡。DV 卡的 1394 接口主要用于传输影像数据，所以也无需供电，DV 卡完全符合 IEEE 1394 技术规范，即插即用，支持设备的热插拔。DV 卡还设计有外接供电接口，为那些供电不足的 IEEE 1394 设备补充供电。它需要与软件结合起来使用，毕竟只有接口卡还是不能够完成 DV 后期处理的。 IEEE 1394 采集卡如同 USB 扩展卡一样，只是为用户提供一种串行总线接口，数据传输率高达 1GB/s。它通过 DV 端口以及专用的 IEEE 1394 线，可以直接把数码摄像机拍摄的高质量视频和音频信号同步传输到计算机中。

> **数码摄像机适配的 IEEE 1394 采集卡特点**
> - 多媒体应用的实时数据传输
> - 数据传输速率可达 1GB/s
> - 实时连接或者断开时不丢失数据
> - 支持即插即用自动配置
> - 不同设备和应用的通用连接
> - 遵循 IEEE 1394 高性能串行总线标准

疑难解答

Q: 怎样选择数码摄像机的取景方式？

A: 数码摄像机的取景方式可以分为液晶显示屏取景与电子取景两种。液晶显示屏取景的最大好处就是方便、直观，其缺点是在强烈光线下显示太弱，并且耗电量很大，使摄像机的拍摄时间大大缩短，如下图所示。电子取景器较为实用，也很省电，而且能在任何环境光线下使用。

Q: 怎样避免拍摄时站位不稳的问题？

A: 很多DV初学者拍摄出来的画面不稳定，令人的视线无法集中，往往觉得头晕目眩。相对水平方向的颤动，垂直方向的上下颤动更让人难以接受。避免画面颤动的最好方法是使用三脚架，如果没有三脚架，则应在拍摄时用两只手紧握机身，且尽量避免使用长焦距而改用广角镜头。因为焦距越长视角越小，轻微的晃动就会令画面颤动得很厉害，而广角镜头视角很大，即使较严重的晃动都不易觉察到。

Q: 变焦镜头的最佳使用方法是什么？

A: 如果镜头可以手动调焦，那么就尽量使用手动调焦，这样可以节省时间和电源。当打算放大一个物体时，在拍摄之前就对该物体放大，设置并锁定其焦距，然后缩小到开始的位置，这样做能够确保整个拍摄过程中被摄主体都在聚焦点上。如下图所示。

Q: 如何获得平稳的摇镜头？

A: 将两脚分开站立，脚尖稍微朝外成八字形，再摇动腰部。这样可以使得摇摄的动作进行得更为平稳。不管是上下摇摄还是左右摇摄，动作应该平稳，中间无停顿，不能忽快忽慢。要注意不要过分移动镜头，也不要在没有需要的情况下移动镜头，摇摄的起点和终点一定要把握得恰到好处。

Q: DV机中硬盘存储模式的优缺点有哪些？

A: 硬盘存储最大的优点就是容量大，成本低，但由于硬盘采用机械读取结构，会受到震动和使用环境的影响，在数据的安全性方面存在着弊端。尽管现在采用硬盘存储的DV机都装有硬盘减震器，能抵御一定程度的震动，但消费者在使用这一类DV机的时候还是必须小心，避免出现剧烈的震动造成硬盘损坏。

Q: 如何进行夜景拍摄？

A: 使用数码摄像机拍摄夜景是很棘手的问题，很多用户都有着失败的经历，眼前灯火辉煌的美景，拍摄起来却不理想，问题不在于摄影机，而是因为使用者不知道如何运用手动调整对应的功能。其实利用夜间摄像功能可以在暗处拍摄物体，例如可以利用此功能拍下美丽的夜色风景。另外就是启动数码摄像机的夜景拍摄功能，这是目前数码摄像机都具有的功能。

Q: 什么是程式自动曝光？

A: 现在的摄像机通常具有程式自动曝光功能，摄像机本身储存了几种针对一些特殊环境下拍摄的最佳拍摄方案，设计好了固定的光圈以及相应的快门速度，使用时拍摄者只要切到与拍摄当时相同环境的模式上对准目标拍摄即可。预设的AE程式，各厂设计有所不同，一般常见有运动模式、人像模式、夜景模式、舞台模式、低照度模式、海浪和聚光灯模式等。

1. 选购 IEEE 1394 采集卡

如果数码摄像机需要用 IEEE 1394 采集卡来传输视频和音频数据,可以使用 IEEE 1394 线将数码摄像机连接到 IEEE 1394 接口进行传输。在购买 IEEE 1394 采集卡时,应注意以下几点。

(1) 应该检查摄像机和计算机使用的端口。大多数 DV 和 D8 摄像机使用的是 4 芯接口,而台式计算机附带的 IEEE 1394 接口及 IEEE 1394 采集卡大多采用 6 芯接口,也有一些 IEEE 1394 采集卡既带有 4 芯接口也带有 6 芯接口。

(2) 在购买 IEEE 1394 采集卡时需要注意的是,不同的品牌和价格的 IEEE 1394 采集卡在捕获 DV 视频时并不会造成视频质量的差异。IEEE 1394 采集卡仅仅起着数据传输的作用,它把 DV 格式的数据从录像带传输到硬盘中。

(3) 带硬件 DV 实时编码功能的 DV 卡也只是在视频编辑生成的时候起作用,而在视频捕捉的时候则不起作用。

2. 安装 IEEE 1394 采集卡

购买 IEEE 1394 采集卡后,必须正确地安装才能将数码摄像机中的视频素材捕获到计算机中。下面以在台式计算机中安装 IEEE 1394 采集卡为例,介绍怎样正确地安装 IEEE 1394 采集卡,具体的操作步骤如下。

步骤 1 首先关闭电源,拆开计算机机箱,选择一个空闲的 PCI 插槽,并将机箱上相应位置的挡板撬开,如下图所示。

步骤 2 将 IEEE 1394 采集卡的金手指缺口和 PCI 插槽上相对应的缺口对准后再向下插。注意不要太用力,以免压坏主板,如下图所示。

步骤 3 插好 IEEE 1394 采集卡后,用螺丝将其固定在机箱上,这样就完成了 IEEE 1394 采集卡的安装,如下面第一幅图所示。顺利地完成上述三步后,装好机箱,这样用户就拥有了 IEEE 1394 接口,如下面第二幅图所示。

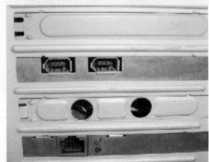

完成 IEEE 1394 采集卡的安装和连接工作后,启动计算机,系统会弹出"发现新硬件"信息,然后自动地查找、安装 IEEE 1394 采集卡的驱动程序。

Chapter

03

/////////////

捕获视频素材

本章内容简介

在影片编辑制作中一个十分重要的环节就是捕获视频素材，捕获视频质量的高低直接关系到影片制作的成败，因为好的影视作品离不开高质量的视频素材。本章主要介绍捕获视频的各项操作——掌握好这些操作才能捕获到高质量的视频。

通过本章学习，用户可了解

① 捕获静态图像
② 特殊捕获技巧
③ 从光盘中捕获视频素材
④ 通过移动设备捕获视频
⑤ 绘图创建器的使用

3.1 准备视频捕获

将捕获的素材存放在会声会影 X4 的素材库中，可方便日后的剪辑操作。捕获视频需要占用大量的系统资源，因此在捕获视频之前需要正确地设置计算机，以确保能成功地捕获高质量的视频素材。

在视频的编辑过程中，从素材的拍摄到视频的采集、编辑、输出，都会使用到一些硬件设备和技术。如果想将其导入到电脑中，需要很多辅助设备，例如使用 IEEE 1394 卡连接，通过模拟捕获卡捕获等。IEEE 1394 卡是视频采集的接口，但是多数电脑主机中不提供 1394 接口，需要用户自己购买，然后进行安装。另外，从数码设备中捕获的素材，主要是通过 USB 接口传输数据的。

3.1.1 捕获注意事项

捕获视频对计算机来说是具有一定难度的工作。视频不仅会占用大量的磁盘空间，而且由于其数据速率很高，因此硬盘在处理它时更加困难。要在现有的硬件条件下使计算机最大程度地发挥功能，需要注意以下事项。

- 释放系统资源。关闭所有的常驻内存应用程序，包括防毒程序、电源管理程序，只保留会声会影 X4 和 Windows 资源管理器这两个应用程序。建议最好在开始捕获前重新启动系统一次。
- 释放磁盘空间。为了在捕获视频时有足够大的磁盘空间，建议把不常用的资料和文件备份到光盘或者其他存储设备上。
- 优化系统。如果最近没有进行磁盘碎片整理，建议先进行磁盘碎片整理和磁盘清理。
- 关闭屏幕保护程序。特别要注意停止屏幕保护程序，如果不关闭的话，屏幕保护程序在启动时就可能终止捕获工作。
- 启动硬盘的 DMA 功能。如果用户在 Windows 系统中使用 IDE 硬盘，建议启用硬盘的 DMA（直接内存访问）功能。DMA 可避免捕获视频时可能碰到的丢失帧问题。
- 设置虚拟内存。虚拟内存是计算机系统内存管理的一种技术。它使得应用程序认为它拥有连续的可用的内存，而实际上，它通常是被分隔成多个物理内存碎片，还有部分暂时存储在外部磁盘存储器上，在需要时进行数据交换。

3.1.2 无缝捕获技术

会声会影 X4 运行在 Windows 操作系统上，在 Windows 操作系统下有两种磁盘格式，即 FAT 32 和 NTFS。Windows 2000 以后的版本采用 NTFS 磁盘格式。在使用 FAT 32 磁盘格式的 Windows 操作系统中，每个视频的最大捕获文件大小是 4GB，超过 4GB 的捕获视频数据将自动地被保存到新文件中。在使用 NTFS 磁盘格式的系统中，则没有捕获文件大小的限制。

无缝捕获仅在捕获 DV 类型 -1 和 DV 类型 -2（从 DV 摄像机）或者 MPEG 视频（从 DV 摄像机或模拟捕获设备）时可以执行。

会声会影仅在 FAT 32 磁盘格式的系统中可以自动检测文件系统并执行无缝捕捉。

照片和录像的预览

🔊 **案例描述**		
目前很多的摄像机都是硬盘式存储的。当数码摄像机和计算机正常连接后，用户可以对摄像机中的文件进行预览操作。本实例以浏览索尼DCR-SR62E摄像机中的文件为例进行讲解。	◎ 要点提示	浏览摄像机中的文件
	⌨ 上 手 度	★★★★★
	🖨 原始文件	无
	🖨 结果文件	无

01 双击桌面上的"计算机"，打开"计算机"窗口双击"可移动磁盘"盘符。

02 其中 DCIM 存放照片，MP_ROOT 中存放视频文件，AVF_INFO 存放音频文件。

03 双击 DCIM 文件夹，弹出的窗口中会出现 101MSDCF 文件夹，双击打开此文件夹。

04 在弹出的窗口中右击，然后在弹出的快捷菜单中选择"查看＞大图标"菜单命令。

05 图像文件以缩略图的形式显示，用户可通过拖动右侧的滑块查看所有的图像文件。

06 使用同样的方法，用户可以预览数码摄像机中的视频或音频文件。

3.2 从DV中捕获静态图像

在DV拍摄时，常常会拍摄到一些比较漂亮的场景，可以把这些漂亮的场景捕获为静态照片，以照片的形式保存。下面向用户介绍在捕获DV视频时将其中一帧图像捕获为静态图像的方法。

3.2.1 设置捕获参数

在捕获图像前首先需要对捕获参数进行设置。用户只需在菜单栏中进行相应操作，即可快速完成参数的设置，具体操作步骤如下。

01 开启会声会影X4后，执行"设置 > 参数选择"命令。打开"参数选择"对话框，并切换至"捕获"选项卡。

02 从中打开"捕获格式"选项的下拉列表，在弹出的列表框中选择jpeg选项。最后单击"确定"按钮即可。

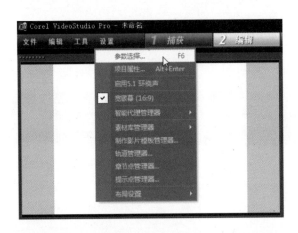

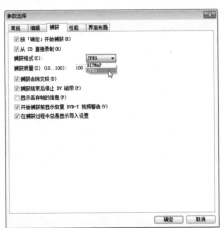

3.2.2 找到图像位置

想要找到捕获为图像的视频位置，用户可以通过导览区中的一系列播放控制按钮来实现，其具体操作如下。

01 连接DV摄像机与计算机，切换至捕获步骤，单击导览区中的"播放"按钮，即可播放DV带中的视频。

02 播放至合适的位置后，单击导览区中的"暂停"按钮，找到需要的图像画面。

3.2.3 捕获静态图像

在 DV 中找到需要捕获的图像位置后，即可开始捕获静态图像。其具体操作如下。

01 在"捕获"选项卡中设置图像的保存位置，然后单击"抓拍快照"按钮。

02 切换至编辑步骤，即可在时间轴中查看捕获图像的缩略图。

3.3 从DV中采集视频素材

在会声会影 X4 中，当用户正确安装完 IEEE 1394 采集卡后，就可以方便地从 DV 中采集视频素材了，本节主要介绍从 DV 中采集视频素材的方法。

3.3.1 设置采集视频参数

将 DV 摄像机与计算机相连接，并切换至播放模式。打开会声会影 X4，切换至"捕获"步骤，用户可根据需要设置采集视频的参数。具体步骤如下。

01 将 DV 与计算机正确连接，切换至捕获步骤，在"捕获"选项卡中单击"捕获视频"按钮。

02 打开捕获选项设置，用户可根据需要设置相应的采集参数。

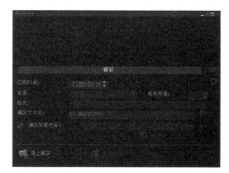

捕获选项设置中，各参数的含义如下。

- 区间：用于指定要捕获素材的长度，其中的数字分别对应小时、分钟、秒和帧。在需要调整的数字上单击，当光标处于闪烁状态时，输入新的数字，也可单击数字右侧的三角形按钮来增加或减少所设置的时间。
- 来源：用于显示检测到的视频捕获设备，也就是显示所连接的摄像机名称和类型。
- 格式：用于设置捕获文件的保存格式，单击列表框右侧的三角形按钮，弹出列表框，在其中可以根据使用的捕获设置以及输出要求选择 DV、MPEG、VCD、SVCD 或 DVD 格式。

3.3.2 找到捕获视频起点

在预览窗口下方单击相应的导航按钮，即可找到需要捕获的起点画面。在会声会影 X4 中的具体操作如下。

01 进入捕获步骤，单击预览窗口下方的"播放"按钮，即可播放 DV 中的视频。

02 播放至合适位置后，单击"暂停"按钮，即可找到捕获视频的起点。

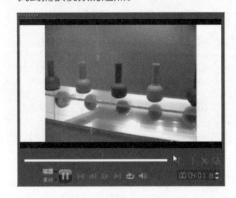

3.3.3 从DV中采集视频

找到视频的起点后，即可从 DV 中采集需要的视频片段，其具体操作步骤如下。

01 在"捕获"选项卡中设置捕获视频的保存位置，然后单击"捕获视频"按钮。

02 此时，"捕获视频"按钮变为"停止捕获"按钮，捕获至合适位置后，单击"停止捕获"按钮即可停止视频捕获。

03 在素材库中，显示出已捕获的视频，选择该视频文件，单击"播放"按钮，预览捕获的视频效果。

提取视频中的声音

◀) **案例描述**	◎ 要点提示	分割音频
在会声会影 X4中，插入一段视频素材，如果只需要其中	▤ 上 手 度	★★★★★
的音频部分，那么就需要把声音从视频中单独提取出来	🖨 原始文件	分割音频.wmv
以供使用。	🖨 结果文件	无

01 启动会声会影 X4，然后单击素材库中的"导入媒体文件"按钮▣。

02 在弹出的"浏览媒体文件"对话框中，选择"分割音频 .wmv"文件。

03 在素材库中选择视频素材"分割音频 .wmv"，将其拖至视频轨中。

04 右击视频轨中的"分割音频 .wmv"，在快捷菜单中选择"分割音频"命令。

05 几秒之后，从视频中分离出来的音频被自动添加到声音轨中。

3.4 特殊捕获技巧

使用会声会影 X4 捕获视频时，掌握好不同的捕获技巧，可以提高捕获效率。本节主要介绍各种特殊的捕获技巧。

3.4.1 捕获视频时按场景分割

使用会声会影编辑器的"按场景分割"功能，可根据日期、时间及录像带上任何较大的动作变化、相机移动、亮度变化，自动将视频文件分割成单独的素材，并将其作为不同的素材插入项目中。

01　启动会声会影，切换至"捕获"选项卡，单击"捕获视频"按钮，打开视频捕获选项，设置"格式"为 DVD，勾选"按场景分割"复选框。

02　单击"捕获视频"按钮，开始捕获视频，区间时间码开始跳动。单击"捕获视频"按钮后，此按钮会自动变为"停止捕获"按钮。

03　捕获至适当位置后，单击"停止捕获"按钮，停止视频的捕获，即可将捕获的视频按场景进行分割，如下图所示。

04　分割后的视频将显示在素材库中，选择相应的视频片段，单击导览区中的"播放"按钮，即可预览视频效果。

3.4.2 捕获指定时间长度

如果希望程序自动捕获一个指定时长的视频内容，并在捕获到所指定视频内容后自动停止捕获，则可为捕获视频指定一个时间长度，具体步骤如下。

01　单击"捕获"选项卡中的"捕获视频"按钮，显示视频捕获的设置选项，在"区间"数值框中需要调整的数字上单击鼠标左键，当光标呈闪烁状态时，输入 10。

02　单击选项面板中的"捕获视频"按钮，开始捕获视频，经过 10 秒钟后，程序自动停止捕获，在素材库中出现捕获的视频。

03 在库中选择刚捕获的视频素材，单击导览区中的"播放"按钮，即可预览捕获的视频效果，如右图所示。

3.5 从光盘中捕获视频素材

　　光盘是颇受重视的一种外存设备。常见的视频光盘分为 VCD 和 DVD 两种。VCD 一般可存储 74 分钟按 MPEG-1 标准压缩编码的视频信息。而 DVD 可存储 135 分钟按 MPEG-2 标准压缩编码的高清晰度的视频信息。在会声会影 X4 中，可以直接将光盘中的内容捕获到素材库中作为素材使用。

3.5.1 从VCD光盘中获取视频

　　在日常的生活与工作中，VCD 光盘也是一种很好的视频源，会声会影 X4 能够直接识别 VCD 光盘中后缀为 .DAT 的视频文件，具体步骤如下。

01 将VCD光盘放入光盘驱动器中，运行VCD光盘，在资源管理器中选择光盘中后缀为.DAT的文件。

02 按住鼠标左键并拖曳，将其拖至会声会影X4的素材库中，然后单击导览区中的"播放"按钮，即可播放。

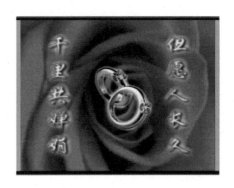

3.5.2 从DVD光盘中捕获素材

目前，DVD 光盘驱动器已经普及，从 DVD 中捕获视频片段在影片编辑中可以说是一种既省时又省力的方法。在会声会影 X4 中，可以直接将 DVD 光盘中的内容捕获到媒体素材库。本节主要介绍从 DVD 光盘中捕获视频素材的方法，其具体操作如下。

01 切换至捕获步骤，然后将 DVD 光盘放入光驱中，单击"捕获"选项卡中的"从数字媒体导入"按钮。

02 弹出"选取'导入源文件夹'"对话框，从中选择需要导入的 DVD 视频文件。

03 单击"确定"按钮，弹出"从数字媒体导入"对话框，单击"起始"按钮。

04 进入"选取要导入的项目"界面，选中需要导入的视频前面的复选框。

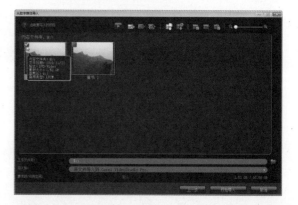

05 单击"开始导入"按钮，弹出相应窗口，显示导入进度。

06 待导入完成后，即可在素材库中找到导入的视频文件。

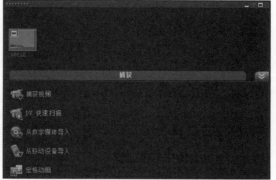

3.6 通过移动设备捕获视频

在会声会影 X4 中，用户还可以从 U 盘中捕获视频素材。下面向用户介绍通过 U 盘捕获视频的两种方法。

方法一：通过会声会影捕获面板中的"从移动设备导入"按钮进行捕获，其操作步骤如下。

01 将移动设备与计算机连接，单击"捕获"选项卡中的"从移动设备导入"按钮，弹出如下图所示的对话框。

02 在"设备"列表框中选择移动设备，然后在右侧窗口中选择要导入的文件，单击"确定"按钮即可将素材导入。导入后的素材出现在素材库中。

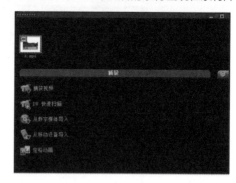

方法二：直接将移动设备中的文件传输到 D 盘，其具体操作步骤如下。

01 选择需要传输到计算机中的文件，然后右击鼠标，在弹出的快捷菜单中选择"复制"命令。

02 双击桌面上的"计算机"图标，再双击 D 盘图标，打开 D 盘。

03 在 D 盘中的空白区域内右击鼠标，然后在弹出的快捷菜单中选择"新建 > 文件夹"命令。

04 输入文件名"摄像机文件"，双击打开此文件夹。右击鼠标，在弹出的快捷菜单中选择"粘贴"命令即可。

绘图创建器的使用

"绘图创建器"是会声会影 X4 的一项新功能，利用该功能可以创作涂鸦，可以为影片添加一些简笔画，以丰富影片内容。通过不同的笔刷和颜色设置，可以绘制不同的效果，然后作为编辑素材添加到项目中的覆叠轨，以获得多种不同的特殊效果。

3.7.1 绘图创建器简介

在会声会影 X4 中，选择"工具 > 绘图创建器"菜单命令，打开绘图创建器，如下图所示。

窗口中各组成部分的介绍如下。

- 笔刷大小：通过两组滑动条和预览框定义笔刷的宽度和高度。
- 画布 / 预览窗口：此处为绘图区域。
- 笔刷：该处提供一系列的笔刷供选择并可控制笔刷的角度和透明度等参数。
- 调色板：用于设置笔刷的颜色。
- 绘图库：用于保存录制的绘图，包含之前录制的绘制动画和静态图像。

绘图创建器中各按钮的功能如下表所示。

表 3-1 按钮功能

按钮	按钮名称	功能描述
	清除预览窗口	清除现有画布中的内容
( )	放大（缩小）	放大或缩小视图
	实际大小	将画布/预览窗口的大小恢复至实际大小
	背景图像选项	单击"背景图像选项"按钮可以将图像用作绘图参考，并能通过滑动条控制其透明度
	纹理选项	选择纹理并将其应用到笔刷
	色彩选取工具	从调色板或周围对象中拾取色彩
	擦除模式	相当于橡皮擦工具，可以擦除绘画
( )	撤销（重复）	"撤销"或"重复"绘画中的操作

按钮	按钮名称	功能描述
开始录制	开始录制	录制绘图区域的绘画操作 (仅在动画模式中出现)
停止录制	停止录制	停止录制并保存绘图区域内的绘画操作 (仅在动画模式中出现)
快照	快照	将绘图添加到绘图库中, 此按钮仅在静态模式中出现
▶	播放	播放当前的绘画 (仅在动画模式中才能启用)
■	停止	停止播放当前的绘画 (仅在动画模式中才能启用)
删除	删除	将绘图库中的某个动画或图像删除
更改区间	更改区间	更改所选素材的区间
参数选择设置	参数选择设置	单击此按钮弹出"参数选择"对话框
确定	确定	关闭"绘图创建器", 然后在绘图库中插入动画和图像并将文件以.uvp 格式保存到会声会影素材库中
关闭	关闭	关闭"绘图创建器"

3.7.2 绘图创建器的设置

在使用绘图创建器时, 可根据不同的需要, 对其各个参数进行设置。

1. 更改绘图创建器模式

会声会影X4提供了两种绘图模式, 即"动画模式"和"静态模式"。在动画模式下, 可以录制整个绘图区段内的绘图动作并将录制的动作导出嵌入到"时间轴"中。在静态模式下, 可以使用不同的工具组合来创建图像文件, 方法与"画图"程序基本相同。

绘图模式的选择方法为：单击绘图创建器左下角的"更改为'动画'或'静态'模式"按钮, 在弹出的菜单中进行选择即可。

2. 更改默认素材区间

在动画的录制过程中, 可以更改默认素材区间的时间长短, 具体操作步骤如下。

01 在"绘图创建器"对话框中, 单击"参数选择设置"按钮 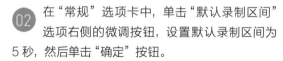, 弹出"参数选择"对话框。

02 在"常规"选项卡中, 单击"默认录制区间"选项右侧的微调按钮, 设置默认录制区间为5 秒, 然后单击"确定"按钮。

3. 使用参考图像

使用参考图像, 其实就是为素材图像添加涂鸦效果, 以创建搞笑、滑稽的娱乐效果。使用参考图像的具体操作方法如下。

3.7
绘图创建器的使用

单击"背景图像选项"按钮，弹出"背景图像选项"对话框。然后从中进行相应的设置即可。

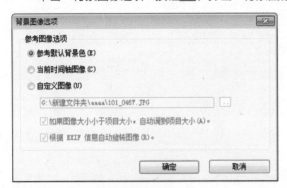

提示

"背景图像选项"对话框介绍

各选项含义介绍如下。

（1）参考默认背景色：设置绘图或动画背景为默认颜色。

（2）当前时间轴图像：使用当前显示在"时间轴"中的视频帧作为参考图像。

（3）自定义图像：打开一个图像并将其用作绘图或动画的背景。

3.7.3 绘图创建器的应用

在会声会影 X4 中，利用绘图创建器创建动画的具体操作如下。

01 在会声会影 X4 中，执行"工具 > 绘图创建器"菜单命令。

02 随后打开"绘图创建器"对话框，即可进行编辑操作。

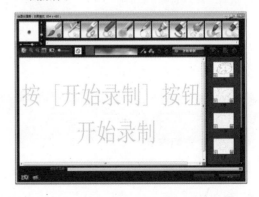

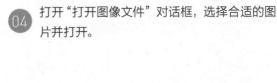

03 单击"背景图像选项"按钮，弹出"背景图像选项"对话框。单击"自定义图像"单选按钮，然后单击"浏览"按钮。

04 打开"打开图像文件"对话框，选择合适的图片并打开。

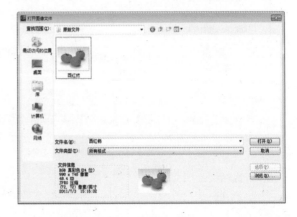

05 返回"背景图像选项"对话框，勾选"如果图像大小小于项目大小，自动调到项目大小"复选框，并单击"确定"按钮完成背景设置。

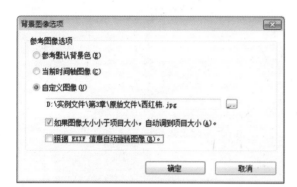

06 单击绘图创建器左下方■■图标，将模式切换为"静态模式"。

07 单击笔刷中的"画笔"按钮■，选择笔刷模式为画笔。

08 单击"色彩选取器"按钮，在弹出的"色彩选取器"中选择黑色。

09 按住 Shift 键，拖动"笔刷大小"中的滑块，设置笔刷的宽和高都为 10。

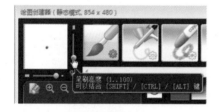

10 此时，可以用设置好的画笔在绘图区域中为西红柿添加笑脸涂鸦。

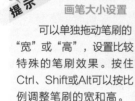

提示　画笔大小设置

可以单独拖动笔刷的"宽"或"高"，设置比较特殊的笔刷效果。按住 Ctrl、Shift或Alt可以按比例调整笔刷的宽和高。

11 单击"快照"按钮，将绘制好的涂鸦，保存到绘图库中。

12 单击"确定"按钮，关闭"绘图创建器"对话框，所绘制的图像被自动保存在素材库中。

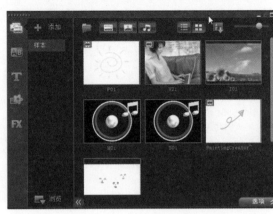

13 将其拖至覆叠轨中，作为图像素材使用。可以发现其中并未包括在绘图创建器对话框中看到的"西红柿"素材。

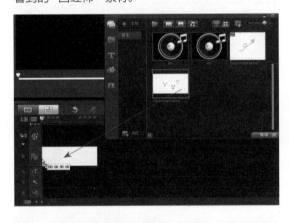

14 将"西红柿"素材添加至视频轨中。

15 单击预览窗口中的"播放"按钮，预览绘图创建器创建的图像效果，如右图所示。

提示 背景图像

　　在会声会影X4绘图创建器中添加的背景图像，只起到辅助绘图作用，并未和绘制的图像合并。

Q：摄像机和会声会影X4之间为什么有时会失去连接？

A：为了省电，摄像机可能会自动关闭。因此，常会发生摄像机和会声会影X4之间失去连接的情况。出现这种情况后，用户需要打开摄像机电源以重新建立连接。无需关闭然后重新打开会声会影X4，因为该程序可以自动检测外接设备。

Q：在会声会影X4中，为什么在AV连接摄像机时采用会声会影的DV转DVD向导模式，无法扫描摄像机？

A：此模式只能通过DV连接（1394）摄像机的情况下使用。

Q：使用会声会影X4采集时，选用哪种文件格式质量最高？

A：采集的视频文件的质量只要高于最终生成的文件的质量就可以了，一味追求过高的质量只会加大计算机运算负担，降低工作效率。例如，制作的视频是要发布到网络播客或者通过QQ传给好友分享的，那么最终生成的视频文件肯定首选WMV格式，因为其他的视频格式容量过大，不利于网络传播。这种视频格式也就是当前流行的"流媒体"格式。这样的话，直接采集为WMV或者MPEG-1格式就足够了，编辑起来速度快，也不影响最终质量。

Q：如何使用会声会影X4只采集视频中的音频文件？

A：首先把视频采集到计算机硬盘（最好采集成48Hz的MPEG-2格式或者DV格式），然后在编辑面板中单击"分割音频"即可把音频分离出来。接下来删除掉视频部分，或者单独编辑、渲染音频，最后按照自己的需要将它保存为新的音频文件。

Q：为什么在DV显示屏上和电视上可以看到日期时间的显示，而用IEEE 1394线输入计算机后就没有了？怎么才能让它重新显示？

A：因为IEEE 1394线本身无法传输DV显示屏上的时间信号，所以它无法把摄像机上的时间日期同时采集下来。

Q：采集时总出现"正在进行DV代码转换，按Esc停止"的提示，这是为何？

A：这是因为计算机配置较低，如硬盘转速低，CPU主频低和内存太小等造成的。可以按键盘上的Ctrl+Alt+Del组合键，打开任务管理器，在"性能"选项卡里查看内存使用量，如下图所示。然后将杀毒软件和防火墙关闭以及停止所有后台运行的程序。

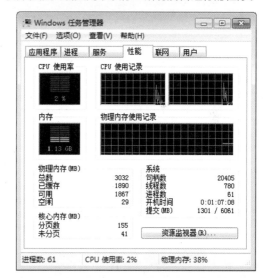

Q：会声会影X4可以把老式录像带（VHS）上的节目转换成VCD或DVD吗？

A：可以但前提条件是必须有模拟采集卡。通过模拟接口将视频信号输入电脑，然后使用会声会影X4进行编辑。

很多用户在视频渲染的过程中经常出现"内存不足"的问题。出现这个问题时，如果关闭一些其他无用的程序，或重新启动计算机都不能解决的话，那么就需要查看计算机的"虚拟内存"是否设置合理——虚拟内存初始值应大于内存的1.5倍，最大值应是初始值的两倍。设置虚拟内存的具体操作步骤如下。

◎步骤 1 在桌面上的"计算机"图标上右击鼠标，在弹出的菜单中选择"属性"命令，打开如下所示的对话框，单击左侧的"高级系统设置"链接。

◎步骤 2 打开"系统属性"对话框，单击"性能"选项组中的"设置"按钮，如下图所示。

◎步骤 3 在弹出的"性能选项"对话框中切换到"高级"选项卡，然后单击"更改"按钮。

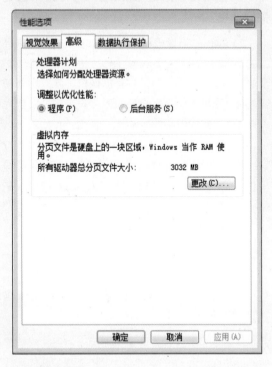

◎步骤 4 在弹出的"虚拟内存"对话框中将"最大值"设置为"初始大小"的两倍。设置完成后，单击"确定"按钮即可。

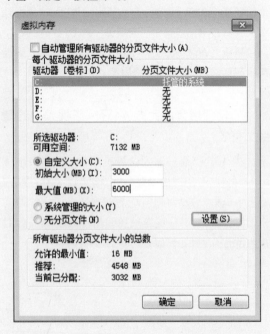

04

////////////

准备编辑视频

本章内容简介

会声会影 X4 的功能非常强大，用户可以全面地控制影片的制作过程。本章详细介绍会声会影的界面和与视频编辑相关的属性设置，如项目属性的设置、参数选项的设置等。通过对本章内容的学习，用户能够完全掌握会声会影X4的基本操作。

通过本章学习，用户可了解

① 熟悉会声会影 X4 工作环境

② 影片项目管理

③ 设置相关参数

④ 素材库

4.1 熟悉会声会影 X4 工作环境

　　会声会影 X4 采用图形化界面（如下图所示），易于快速的操作，影片编辑很方便。新的工作区是为提供更好的编辑体验而设计，可以更改屏幕上各组件的大小和位置。各个面板都是独立的窗口，可以按照编辑的喜好来更改，在使用大屏幕或双显示屏编辑时尤其有用。

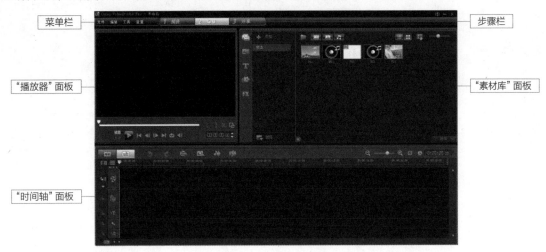

菜单栏
"播放器"面板
"时间轴"面板
步骤栏
"素材库"面板

　　会声会影 X4 界面组成如下。

- ● 菜单栏：包含"文件"、"编辑"、"工具"和"设置"菜单，这些菜单提供了不同的命令集。
- ● 步骤栏：包括捕获、编辑和分享按钮，这些按钮对应视频编辑过程中的不同步骤。
- ● "播放器"面板：包含预览窗口和导览区，其中导览区用于回放和对素材进行精确修整。
- ● "素材库"面板：包含"媒体"、"滤镜"和"转场"等选项卡，在不同的选项卡下可以进行不同的操作。
- ● "时间轴"面板：包含工具栏和项目时间轴，其中项目时间轴中显示了当前项目中所包含的视频素材和音频素材。

4.2 创建新项目

　　所谓项目就是使用会声会影进行视频剪辑等编辑加工的工作文件，新建项目后，常常还需要对其进行管理和设置。

　　会声会影的项目文件是后缀为 .VSP 的文件，它用来存放影片所需要的必要信息，包括视频素材、图像素材、声音素材、背景音乐及字幕等。但是项目文件本身并不是影片，只有在最后的分享步骤中经过渲染输出，才能将项目文件中的所有素材连接在一起，生成最终的影片。

　　创建新项目的方法为：选择"文件 > 新建项目"菜单命令，或按 Ctrl+N 组合键，如右图所示。

使用智能包保存项目

◀)) **案例描述**

在编辑影片项目时，往往要用到各种各样的素材，而这些素材又往往分散在硬盘的不同位置，使用智能包可以将这些素材集中到一个文件夹，以便于使用与修改。

◎ 要点提示	使用智能包保存项目
🖼 上 手 度	★★★★★
🖨 原始文件	那些花儿.vsp
🖨 结果文件	智能包

4.2 创建新项目

01 双击打开光盘中的"实例文件 \ 第4章 \ 原始文件 \ 那些花儿.vsp"文件。

智能包

02 执行"文件 > 智能包"菜单命令。

03 随后弹出相应的信息对话框，提示是否保存"智能包.vsp"，单击"是"按钮。

04 弹出"智能包"对话框，从中设置智能包的保存路径、项目文件夹名等，然后单击"确定"按钮。

05 单击"确定"按钮，完成对智能包的保存。

06 打开光盘中"实例文件 \ 第4章 \ 结果文件 \ 智能包"文件夹，可以看到"那些花儿"影片项目及该项目中的素材被集中保存。

67

4.3 影片项目管理

影片的制作过程除了新建项目外，还包括项目属性的设置、编辑、保存和分享等几部分。本小节介绍设置项目属性、保存和打开项目文件的方法。

4.3.1 项目属性

影片的项目属性包括项目信息、项目模板属性、文件格式、自定义压缩、视频以及音频等。启动会声会影，然后选择"设置 > 项目属性"菜单命令，打开"项目属性"对话框，如下图所示。

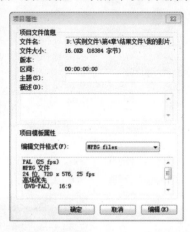

项目属性的设置决定了在预览项目时对视频项目进行渲染的方式，对话框中各选项的含义如下。

- 项目文件信息：用于显示与项目文件相关的各种信息，如文件大小和区间等。
- 项目模板属性：用于显示项目使用的视频文件格式和其他属性。
- 编辑文件格式：选取用于创建项目的最终使用的视频格式。
- "编辑"按钮：单击该按钮将弹出"项目选项"对话框。在"项目选项"对话框中包含 Corel Video Studio、"常规"和"压缩" 3 个选项卡，如下图所示。

"项目选项"对话框中各选项的功能描述如下表所示。

表 4-1 项目选项

选项卡	选项名称	功能描述
Corel Video-Studio	电视制式	该选项的默认设置与安装时选择的国家和地区有关。这里默认设置为PAL制式,因为在安装会声会影时选择的国家是中国
	执行非正方形像素渲染	选中此复选框,用户可以在预览视频时执行非正方形像素渲染。通常,正方形像素适合计算机监视器的宽高比,而非正方形像素则适合在电视屏幕上查看。用户可以根据自己使用的主要显示媒介来决定要采用的渲染方法
常规	数据轨	用于指定是否创建视频文件。某些文件格式不支持音频,所以仅视频可用。一般可设置为"音频和视频"
	帧速率	用于指定最终视频文件所使用的帧速率
	帧类型	用于指定帧的类型
	帧大小	用于设置帧的尺寸
	显示宽高比	用于设置视频最终的播放比例,用户可以根据自己的需要设置为4:3或者16:9
压缩	介质类型	在其下拉列表中可以选择所需要的视频文件格式
	质量	用于设置影片的质量,质量越高压缩率越低
	视频数据速率	用于设置数据的速率,单位为kbps(千位/每秒)。该值越高视频效果越好,压缩率越低
	音频设置	其中包括"音频格式"、"音频类型"和"音频频率"等选项,用户可以根据对声音的要求合理地设置这些选项

4.3.2 保存和打开项目文件

在影片编辑的过程中,保存项目文件非常重要。影片编辑完成后保存项目文件,也就是保存视频素材、图像素材、声音文件、字幕以及特效等所有的信息。这样,用户就可以在以后的操作中重新打开项目文件并修改其中的部分属性,再用修改后的各个元素渲染新的影片。在保存项目文件时,最好将其保存至非系统盘中,这样可以为 C 盘保留更多的数据交换空间。

保存和打开项目文件的具体步骤如下。

01 新建一个项目文件,然后设置"项目属性"对话框中的参数,设置完成后单击"确定"按钮即可。

02 添加素材。单击素材库中的"导入媒体文件"按钮。

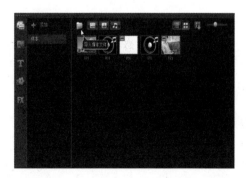

03 系统将弹出"浏览媒体文件"对话框,在此对话框中用户可以查找需要加载的媒体文件。

04 将新加载的视频文件从素材库拖至时间轴的视频轨,然后进行相应的编辑(具体操作将在第5章中介绍)。最后按Ctrl+S组合键保存。

05 项目被成功保存后，在会声会影窗口的"标题栏"中，可以看到该影片的保存路径和名称。

06 打开项目文件很简单，即选择"文件 > 打开项目"命令即可。如果当前编辑的项目文件还没有保存，而执行"打开项目"操作，那么系统会弹出相应的提示信息对话框。

> **提示** **"打开项目"命令的提示信息**
>
> 若单击"是"按钮将会执行保存操作，若单击"否"按钮将会执行打开操作。若单击"取消"按钮将取消本次打开项目的操作。

4.4 设置相关参数

　　为了提高视频编辑的工作效率，必须对会声会影 X4 的各项参数进行设置。熟悉会声会影的一些参数设置会对以后的视频编辑有很大的帮助，本节详细介绍参数的具体设置。

　　在会声会影 X4 中，设置各选项参数的过程如下。

01 开启会声会影 X4，然后在菜单栏中执行"设置 > 参数选择"命令，或者直接按 F6 键。

02 系统将弹出"参数选择"对话框，默认打开的是"常规"选项卡，从中可以对会声会影 X4 基本的操作属性进行设置。

03 切换至"编辑"选项卡，从中可设置重新采样的质量，也可以调整"默认照片/色彩区间"等选项。

04 切换至"捕获"选项卡，从中可以设置与视频捕获相关的参数。

05 切换至"性能"选项卡，从中可以设置与智能代理相关的参数。

06 切换至"界面布局"选项卡，从中可以通过预设值来改变程序的界面布局。

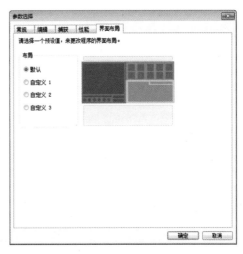

4.4.1 "常规"选项卡

"常规"选项卡中主要参数的介绍如下表所示。

表4-2 "常规"选项卡

序号	选项名称	功能描述
01	撤销	选中该复选框，系统将自动地启动会声会影的撤销/重复功能。按Ctrl+Z或Ctrl+Y组合键即可实现相应的修改操作
02	级数	用于指定撤销/重复的次数，允许指定的最大次数为99次。指定的撤销/重复次数越多，占用的内存就越大
03	重新链接检查	选中该复选框，程序会自动地检查项目中的素材对应的来源是否存在。如果移动了项目中所包含的素材的位置或者删除了该素材，那么用户在打开该项目时便会得到提示信息
04	工作文件夹	单击"工作文件夹"文本框右侧的██按钮弹出"浏览文件夹"对话框，在此对话框中可以选择用于保存编辑完成的项目和捕获素材的文件夹
05	素材显示模式	在其下拉列表中可以选择视频素材在时间轴上的显示模式，其中包括"仅略图"、"仅文件名"和"略图和文件名"显示模式
06	将第一个视频素材插入到时间轴时显示消息	选中该复选框，当捕获或者将第一个素材插入到项目时，系统将自动地检查此素材和项目的属性
07	自动保存项目间隔	如果选中此复选框并指定自动保存当前活动项目的时间间隔，那么系统将会间隔性地自动保存项目文件，从而避免软件和硬件出现故障而造成文件丢失
08	在预览窗口中显示标题安全区域	选中该复选框，在创建标题时预览窗口中会显示标题安全区。标题安全区是一个矩形框，能确保文字位于此标题安全区内。安全区内的文字才能正确地显示在屏幕上
09	回放	在"即时回放目标"下拉列表中有3种回放方法可以供用户选择，分别是"预览窗口"、"DV摄像机"和"预览窗口和DV摄像机"
10	背景色	当视频轨上没有素材时，在此可根据需要指定窗口的背景色。单击"背景色"右侧的颜色方框，在弹出的色彩选取器中选取相应的颜色

4.4.2 "编辑"选项卡

"编辑"选项卡中主要参数的介绍如下表所示。

表4-3 "编辑"选项卡

序号	选项名称	功能描述
01	应用色彩滤镜	选中该复选框，可以将会声会影的调色板限制在NTSC或者PAL制式色彩空间的可见范围内，以确保所有的色彩均有效。如果仅用于计算机屏幕上显示，建议撤选此复选框
02	重新采样质量	在其下拉列表中可以为所有的素材和效果指定质量。质量越高，生成的视频质量越好，但用于渲染的时间也越长
03	图像重新采样选项	在其下拉列表中可以选择在将图像素材添加到视频轨上时默认的图像重新采样方法。其中："保持宽高比"是基于项目的帧大小，保持图像宽度和高度之间的比例；"调到项目大小" 是调整图像大小，以适合项目的帧大小
04	默认照片/色彩区间	用于为所有要添加到项目中的图像和色彩指定默认的素材长度。区间的时间单位是秒，默认区间为3秒，用户也可以自己设置
05	默认音频淡入/淡出区间	用于为音频的淡入和淡出指定默认的区间，在此输入的值是素材音量从正常到淡化完成之间的时间总量。区间的时间单位是秒，默认区间为1秒，用户也可以自己设置
06	默认转场效果的区间	指定应用到视频项目中所有素材上的转场效果的区间。区间的时间单位是秒，默认区间为1秒，用户也可以自己设置
07	自动添加转场效果	选中该复选框，当向项目中添加素材时，程序会自动地在视频轨上的任意两个视频剪辑间加入转场效果。建议初学者选中此复选框

4.4.3 "捕获"选项卡

"捕获"选项卡主要参数的介绍如下表所示。

表4-4 "捕获"选项卡

序号	选项名称	功能描述
01	按"确定"开始捕获	选中该复选框,在会声会影中单击"捕获"选项面板中的"捕获视频"按钮后系统将弹出提示对话框,从中确认后才开始捕获
02	从CD直接录制	选中该复选框,可以直接从CD播放器上录制歌曲的数码数据,并保留最佳质量
03	捕获格式	在其下拉列表中可以选择从视频捕获静态帧时文件保存的格式。其中:DITMAP格式的存储质量较好,但文件大,占用的空间较大;JPEG格式的存储质量较差,但文件小,占用的空间较小
04	捕获质量	只有选择了JPEG捕获格式后,才可以在"捕获质量"微调框中设置图像的压缩质量。数值越大,图像的质量就越好
05	捕获去除交织	选中该复选框,在捕获视频中的静态帧时系统将使用固定的图像分辨率,而不采用交织型图像的渐进式图像分辨率
06	捕获结束后停止DV磁带	选中该复选框,在视频捕获过程完成后,系统会自动地停止DV磁带的回放。如果取消该复选框,停止捕获后,DV摄像机还将继续播放视频
07	显示丢弃帧的信息	选中此复选框,在捕获视频时可以显示视频捕获期间丢弃帧的数目,这样有丢失帧的现象时就可以检测到了。如果用户在捕获前设置了硬盘的DMA功能,可以取消该复选框
08	开始捕获前显示恢复DVB-T视频警告	选中该复选框,可以让会声会影提示是否在捕获时修复DVB-T视频文件。DVB-T为数字地面电视广播系统标准,DVB-T视频指的是数字电视来源的视频

4.4.4 "性能"选项卡

"性能"选项卡主要参数的介绍如下表所示。

表4-5 "性能"选项卡

序号	选项名称	功能描述
01	启用智能代理	选中该复选框,在将视频文件插入到时间轴时,会声会影将自动地创建代理文件。在"当视频大小大于此值时,创建代理"微调框中设置一定的数值后,如果视频来源文件的帧大小等于或大于这里指定的数值,则将为该视频文件创建代理文件
02	自动生成代理模板	选中该复选框,将自动地生成默认的代理模板
03	视频代理选项	取消"自动生成代理模板"复选框,该选项则成为可用状态。若要更改代理文件的格式或者其他的设置,可以单击"模板"按钮,然后在弹出的下拉列表中选择合适的模板即可 单击"选项"按钮,将打开"视频保存选项"对话框,从中可以根据需要设置各个选项,如数据轨、帧速率等

4.4.5 "界面布局"参数设置

在"界面布局"选项卡中可以更改会声会影X4操作界面的布局。

在此选项卡中,可分别选中"默认"、"自定义1"、"自定义2"和"自定义3"等单选按钮,然后单击"确定"按钮,来实现会声会影X4操作界面布局的切换。

提示 预览范围

只有在自定义界面工作界面后,"界面布局"选项卡的各自定义单选按钮,才能被选择;

4.5 导览区

导览区位于预览窗口的下方，用户可以通过使用其中的按钮来预览和编辑项目中使用的素材。本节将对导览区中的各按钮进行介绍。

4.5.1 播放按钮和功能按钮

将鼠标移动到按钮上时，系统将出现提示信息显示该按钮的名称，如下图所示。

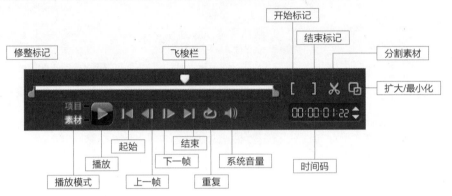

各按钮的功能介绍如下表所示。

表 4-6 导览区按钮功能

序号	按钮名称	功能描述
01	播放模式	播放模式包含项目播放模式和素材播放模式两种。项目播放模式用于回放整个项目，而素材播放模式则用于回放所选的素材
02	播放	该按钮用于播放、暂停或者继续当前的项目或者所选的素材。在播放修整后的素材时，如果同时按下Shift键，那么就可以播放该素材的全部内容
03	起始	该按钮用于返回到项目、素材或者所选区域的起始点
04	上一帧	该按钮用于移动到项目、素材或者所选区域的上一帧
05	下一帧	该按钮用于移动到项目、素材或者所选区域的下一帧
06	结束	该按钮用于移动到项目、素材或者所选区域的终止点
07	重复	该按钮用于连续播放项目、素材或者所选区域
08	系统音量	用于调整素材的音频输出或者音乐的音量
09	时间码	通过指定确切的时间码，可以直接跳到项目或者选定素材的特定位置
10	修整标记	拖动修整标记，可以修整、编辑和裁剪视频素材
11	飞梭栏	拖动该按钮可以浏览项目和素材，拖至某个位置的内容将显示在预览窗口中
12	开始标记/结束标记	使用这两个按钮可以在项目中设置预览范围，或者标记要修整素材的起始和终止点
13	分割素材	将飞梭栏拖动到需要分割的素材的分割处，然后单击此按钮即可将所选的素材修剪成两半
14	扩大/最小化	单击"扩大"按钮，用户可以放大预览窗口来预览项目或者素材。但在放大预览窗口后，用户只能预览素材而不能编辑素材。放大预览窗口后，该按钮自动变为"最小化"按钮

4.5.2 设置预览范围

在影片制作的过程中，如果用户想快速地预览项目，那么可以选择播放项目的局部。所选的要预览的帧范围被称作预览范围，它在标尺栏中以红色线条被标记出来。

要预览选定范围，首先需要选中要预览的内容（项目或者素材），然后单击"播放"按钮即可。要预览整个项目或者素材，需要先按住 Shift 键，再单击"播放"按钮。设置预览范围的方法包括以下两种。

其一，用修整标记来设置预览范围。直接拖动修整标记，两标记之间区域即为预览范围。

其二，用"飞梭栏"按钮和"开始标记 / 结束标记"按钮来设置预览范围。拖动"飞梭栏"按钮到所需位置后单击"开始标记"按钮即可设置预览范围的起始点，然后继续拖动"飞梭栏"按钮到另一个位置再单击"结束标记"按钮即可设置预览范围的终止点。

 预览范围

在设置预览范围时，必须是在项目播放模式下，此时预览范围才能在标尺栏中以红色线条被标记出来。

4.6 项目时间轴

项目时间轴位于会声会影 X4 操作界面的下半部分，它是用来编辑影片项目的地方。本节介绍编辑影片项目的时间轴。会声会影的项目时间轴提供两种视图用来编辑影片，分别是故事板视图与时间轴视图，单击项目时间轴左边的相应按钮可以在两种视图之间进行切换。

4.6.1 故事板视图

整理项目中的照片和视频素材最快和最简单的方法是使用故事板视图。故事板中的每个缩略图都代表一张照片、一个视频素材或一个转场。缩略图是按其在项目中的位置显示的，可以拖动缩略图重新进行排列。每个素材的区间都显示在各缩略图的底部。此外，用户可以在视频素材之间插入转场以及在预览窗口修整所选的视频素材。

故事板视图

4.6.2 时间轴视图

时间轴视图可以清楚地显示影片中的元素，允许用户对素材执行精确到帧的编辑。它还可以根据素材在每条轨上的位置，准确地显示出在此项目中的时间和位置。在编辑步骤中单击项目时间轴上方的"时间轴视图"按钮██可以切换到时间轴视图。

1. 编辑轨道

时间轴视图中有视频轨、覆叠轨、标题轨、声音轨和音乐轨等 5 种不同的轨道，如下图所示。单击相应的按钮，可以切换到它们所代表的轨上以便用户选择和编辑相应的素材。双击将要使用到的轨（无素材的位置）或者单击此轨上的素材，也可以在各轨道之间实现迅速切换。

不同轨道的介绍如下。

- 视频轨：包含视频素材、图像素材、色彩素材和转场效果等。
- 覆叠轨：包含的覆叠素材可以是视频、图像或者色彩等。
- 标题轨：包含影片标题、字幕等素材。
- 声音轨：包含影片配音和对白等声音素材。
- 音乐轨：包含从音频文件中获取的音乐素材。

2. 编辑控件和按钮

通过这些编辑控件和按钮（如下图所示），用户可以便捷地访问并编辑项目。同时，还可以根据需要更改项目视图、在项目时间轴上放大和缩小视图以及启动不同工具帮助用户进行有效的编辑。

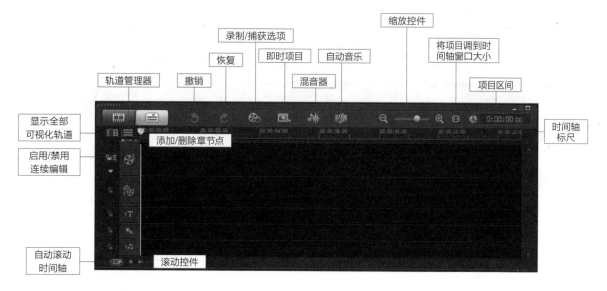

其中，各按钮的功能介绍如下表所示。

表 4-7 时间轴控制和按钮

编号	名称	功能
01	撤销	单击该按钮可以撤销对项目文件所做的修改
02	恢复	单击该按钮可以重做对项目文件所做的修改
03	录制/捕获选项	单击该按钮，显示"录制/捕获选项"面板，可执行捕获视频、导入文件、录制画外音和抓拍快照等所有操作
04	时间轴标尺	时间轴标尺以"时:分:秒:帧"的形式显示素材和项目时间码的大小，可以帮助用户决定素材和项目的长度
05	混音器	单击按钮可以启动环绕混音和多音轨的音频时间轴，可以自定义音频设置
06	自动音乐	单击按钮可以启动"自动音乐"选项面板为项目添加各种风格和基调的 Smartsound 背景音乐，还可以根据项目的持续时间设置音乐长度
07	缩放控件	缩放控件允许用户放大和缩小时间轴标尺中时间码的大小
08	将项目调到时间轴窗口大小	单击该按钮，可以将轨道中的项目文件调整到时间轴窗口大小
09	项目区间	在此显示了项目的区间时间
10	显示全部可视化轨道	用于显示项目中的所有轨道
11	启用/禁用连续编辑	在启用连续编辑功能时，"启用/禁用连续编辑"按钮 处于闭锁状态，这时用户可以选择需要应用此功能的轨（单击轨左边的 按钮）。在禁用连续编辑功能时，"启用/禁用连续编辑"按钮 处于开锁状态，此时连续编辑功能不可用
12	添加/删除章节点	可以在影片中设置章节点
13	自动滚动时间轴	预览的素材超出当前视图时，启用或禁用自动滚动时间轴，从而改变当前素材和项目的预览范围
14	滚动控件	项目滚动控件包含"向后滚动"、"向前滚动"按钮和滚动条，单击这两个按钮和拖动滚动条都可以使项目左右移动，以便查看项目内容
15	轨道管理器	单击该按钮，在弹出的"轨道管理器"对话框中可以创建多个覆叠轨、音乐轨和标题轨等

提示 连续编辑的应用

在编辑视频时，当用户已经将一段素材编辑好（例如添加转场效果、覆叠效果、标题、音乐等），但在以后的工作中可能又想在前一段素材的前面再加一段素材——如果这样做的话将会打乱前一段素材的编辑顺序——此时可以使用连续编辑功能解决这一问题。

4.6
项目时间轴

创建即时项目模板

🔊 案例描述	◉ 要点提示	创建即时模板
在会声会影X4中，可以将制作的项目导出为即时项目模板，方便制作相同风格的影片。	🖼 上手度	★★★★★
	🖨 原始文件	旅行模板.vsp
	🖨 结果文件	旅行模板

01 双击光盘中"实例文件\第4章\原始文件\旅行模板.vsp"文件，打开要保存为模板的视频项目。

02 选择"文件 > 导出为模板"菜单命令。

03 弹出 Corel VideoStudio Pro 对话框，提示是否保存"旅行模板.vsp"，单击"是"按钮。

04 在弹出的"将项目导出为模板"对话框中，拖动缩略图下方的滑块，选择一个帧作为该项目模板的缩略图。

05 单击模板路径右侧的"浏览"按钮，设置模板的保存路径，然后单击"确定"按钮。

06 设置模板文件夹名称为旅行模板，然后单击"确定"按钮。

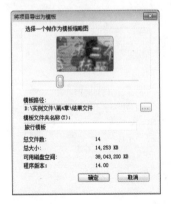

4.7 使用即时项目模板

会声会影 X4 提供了可以帮助用户熟悉应用程序的任务和功能的样本项目模板。可以使用即时项目功能快速地创建视频项目或自定义模板。

4.7.1 打开即时项目模板

打开即时项目模板的具体操作如下。

01 开启会声会影 X4，单击工具栏上的"即时项目"按钮。

02 打开"即时项目"对话框，从中选择一个模板类别，然后单击项目缩略图进行预览。

03 设置"插入到时间轴"选项为在开始处添加或在结尾处添加。

04 单击"插入"按钮后，即时项目模板被添加到时间轴中。

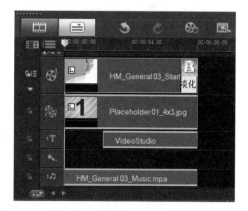

4.7.2 导入项目模板

为了使编辑更加快捷，在会声会影 X4 中，可以将模板导入到即时项目中使用。具体操作步骤如下。

01 单击"即时项目"按钮，打开"即时项目"对话框，如下图所示。单击"导入一个项目模板"按钮。

02 打开"选择一个项目模板"对话框，从中选择要导入的项目模板"实例文件\第4章\结果文件\旅行模板\UserTemplateStyle.vpt"，单击"打开"按钮。

03 旅行模板被成功添加到自定义类别中，在右边的预览窗口中可以预览模板效果。

4.8 素材库

会声会影 X4 的"素材库"位于默认操作界面的右侧，是用于保存和整理素材的资料库。用户在编辑影片时，最好先整理在编辑影片的过程中用到的所有素材。如果将所有的素材分别放在 Windows 7 系统自带的素材库里，那就会显得很杂乱并且使用时不容易找到。用户可以将收集的素材分别存放到自己新建的自定义文件夹中，以方便以后的编辑工作。

4.8.1 切换素材库

素材库中存储了制作影片所需的全部内容：视频素材、照片、转场、标题、滤镜、色彩素材和音频文件等，在使用过程中可以通过单击素材库左侧的按钮切换素材类型。

1. 媒体

单击"媒体"按钮，显示媒体素材，其中包括视频素材、照片素材和音频文件素材等3种。

2. 转场

单击"转场"按钮，切换到"转场"素材库，在"转场"素材库中提供了视频编辑中所需要的各类转场效果，包括3D、相册、取代、时钟、过滤和胶片等16种类型的转场效果。

3. 标题

单击"标题"按钮，切换到"标题"素材库，在"标题"素材库中提供了视频编辑中所需要的各类"动画标题"，通过这些标题可以快速地制作出具有专业化外观的标题。

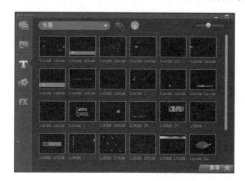

4. 图形

单击"图形"按钮，切换到"图形"素材库，其中包含色彩素材、对象、边框和Flash动画等。

5. 滤镜

单击"滤镜"按钮，切换到"滤镜"素材库，在"滤镜"素材库中提供了视频编辑中所需要的各类滤镜效果，包括二维映射、调整、相机镜头、暗房、焦距和自然绘图等13种类型的滤镜效果。

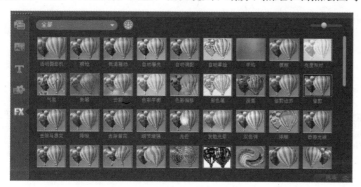

添加素材库文件夹

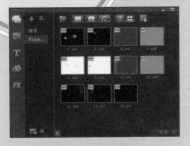 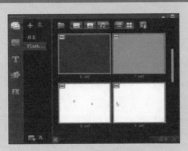 

🔊 案例描述		◎ 要点提示	添加素材库文件夹
在编辑影片项目时，往往要用到各种各样的素材，而这些素材又都分散在不同位置，使用素材库可以将这些素材集中到一个素材库文件夹中，以便于编辑时使用。		⌨ 上 手 度	★★★★★
		🖨 原始文件	无
		🖨 结果文件	无

01 在素材库中单击"添加新文件夹"按钮，系统会在下方自动生成一个文件夹，将其命名为"Flash 素材"。

02 在素材库中单击"Flash 素材"文件夹，将会看到此素材文件夹是空的。

03 单击素材库左上角的"导入媒体文件"按钮🖼弹出"浏览媒体文件"对话框。

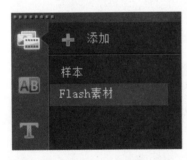 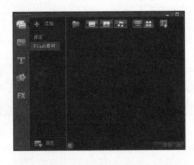 

04 选中需要的视频素材，然后单击"打开"按钮，这时可以看到"Flash 素材"文件夹中已有视频素材。

05 在其他素材文件夹中，选中素材并将其拖至"Flash 素材"文件夹上松开，即可将其他文件夹中的素材移至该文件夹。

06 在"Flash 素材"文件夹中，可以参照下方 4.8.2 小节中的内容对素材文件进行管理，以便于编辑时使用。

4.8.2 管理素材库

下面将对素材库的管理操作进行逐一介绍，如对媒体素材进行排序、更改媒体素材的视图，以及删除媒体素材等。

01 对媒体素材进行排序。单击"对素材库中的素材排序"按钮，然后可以选择按名称排序、按类型排序或按日期排序。

02 更改媒体素材视图。素材视图包括列表视图与缩略图视图两种，下图所示为以列表视图形式显示的素材文件。

03 删除素材库中的媒体素材。首先选择要删除的素材，然后按 Delete 键或通过右键菜单选择"删除"命令。

04 弹出如下图所示的对话框，提示是否删除此略图，单击"是"按钮将从素材库中删除缩略图。

05 隐藏照片素材。单击素材库上的"隐藏照片"按钮后，素材库中将不再显示照片素材。

06 调整缩略图大小。将鼠标置于素材库中的缩放控件上方，光标变为手形，此时拖动鼠标即可调整缩略图大小。

使用即时项目模板制作影片

🔊 案例描述

通过简单的替换视频或图像素材，选择需要使用的预设模板后，程序就会自动为影片添加专业片头、片尾、背景音乐及转场效果等，使影片具有丰富的视觉效果。

◎ 要点提示	使用即时项目制作影片
🖼 上 手 度	★★★★★
🗂 原始文件	美图1.jpg~美图5.jpg
🖨 结果文件	无

01 单击时间轴上"即时项目"按钮，从弹出的对话框中选择"完成"项目插入到时间轴中。可替换的素材在时间轴中以数字形式显示。

02 在覆叠轨的1号素材上右击，在弹出的快捷菜单中选择"替换素材 > 照片"命令。

03 在弹出的"替换 / 重新链接素材"对话框中，选择"美图1.jpg"，单击"打开"按钮。

04 在预览窗口中可以看到"1号"图像素材被替换。使用相同的方法替换其他素材。

05 双击标题轨中的标题文件，在预览窗口中将标题改为"绿色生活"。

06 替换或修改掉所有需要替换或修改的素材元素后，单击预览窗口中的"播放"按钮，预览使用即时项目创建的影片效果。

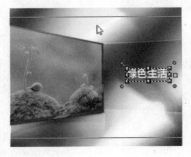

Q: 如何应用自动滚动时间轴功能?

A: 将鼠标移动到时间轴标尺上,光标发生变化,这时滑动鼠标滚轮可以看到时间标尺上的时间码在发生变化,如下图所示。

滚动鼠标滚轮

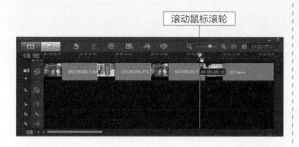

Q: 在会声会影X4中,项目的设置有必要吗?

A: 有必要且很重要。在编辑之前要先对项目进行设置,如果设置不当,会造成视频编辑出错、质量下降、渲染时间延长、光盘刻录出错等问题。所以,每次编辑之前都应该对项目进行设置。

Q: 在会声会影 X4中,为什么无法导入AVI格式文件?

A: AVI文件包含了许多编码,由于会声会影X4并不完全支持所有的编码,所以出现无法导入AVI文件的情况。此时要进行格式转换才能导入。

Q: 安装好会声会影后,打开软件时系统给出提示"屏幕的分辨率不足,无法启动应用程序",或双击程序无反应,这是为什么?

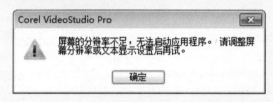

A: 会声会影X4只能在不低于1024×768的分辨率下运行。

Q: 在会声会影 X4中,为什么有时打不开MP3格式的音乐文件呢?

A: 可能是该文件的位速率较高,此时可以用转换软件把位速率重新设置到128或更低,这样就能顺利将MP3文件加入到会声会影X4中。对于视频制作来说,音频最好是48Hz的WAV格式,用户应尽可能地将音频文件转换成此格式。

Q: 可使用会声会影 X4导入.c3d项目文件吗?

A: 用Ulead COOL 3D输出AVI比较慢,推荐还是用会声会影编辑的好。可以在添加视频时选择.c3d项目文件导入,导入后的项目文件背景是透明的,可以放到覆叠轨上做字幕动画。

Q: MLV文件如何导入到会声会影 X4中?

A: 将MLV的扩展名改为.mpeg就可以用会声会影X4编辑了。另外,对于某些MPEG-1编码的AVI,也是不能导入会声会影的,但是将扩展名改成.mpg就可以导入了。

Q: 在使用会声会影X4的过程中,如果无法正常工作,怎么办?

A: 如果会声会影无法正常工作,请修复它,在控制面板中双击"添加或删除程序"。选择 Corel 会声会影,单击更改/删除,然后单击修复。

Q: 打开会声会影项目文件时,会提示找不到链接,但是素材文件还在,这是为什么呢?

A: 因为项目文件的路径方式是绝对路径,它只能记忆初始的文件路径,一旦移动素材或者重命名文件,项目文件就找不到路径了。只要用户不去移动素材或者重命名,是不会出现这个现象的。即使不小心移动了素材或者重命名了,只需要找到该素材后重新链接即可。

知识拓展 | 批量重命名视频文件

在制作视频的过程中，把所用到的素材统一命名，有助于素材管理和识别，下面是为文件批量改名的具体操作步骤。

步骤1 首先将需要批量重命名的文件集中整理到同一文件夹下，按 Ctrl+A 组合键选中所有文件，如下图所示。

步骤2 按 F2 键，文件夹中的第一个文件变成了可编辑的状态，而其他文件都只是保持在选中的状态，如下图所示。

步骤3 输入新的文件名对其进行重命名，最后按回车键即可，如下图所示。

步骤4 这种方法不但适用于文件的批量重命名，而且同样适用于文件夹的批量重命名。

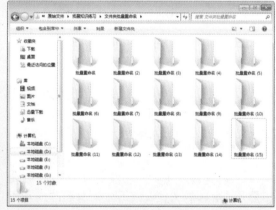

提示

批量重命名文件

重命名后每个文件都将具有相同的名称，其后跟有不同的序号，这些序号将被自动添加到每个文件名的末尾。重命名时默认只有主文件名呈现反白状态，这样就不会导致扩展名被误删除。

编辑视频素材

本章内容简介

从DV中捕获视频素材后,即可在会声会影X4中对其进行编辑了。同时,用户也可根据需要对素材进行修整,从而使制作的影片更为生动、美观。本章将对视频素材的编辑操作进行全面具体的介绍。

通过本章学习,用户可了解

① 添加图像素材的方法
② 添加视频素材的方法
③ 修整素材的方法
④ 校正图像色彩的方法
⑤ 应用摇动和缩放
⑥ 变形素材

5.1 添加素材到视频轨

添加素材是会声会影最基本的功能，所有的素材必须先导入到会声会影中，用户才能使用会声会影编辑素材文件。在会声会影 X4 中，可以导入多种样式的素材，导入素材的方法有很多种，可以先将素材导入到素材库中，需要编辑时，再从素材库中调取出来，也可以直接把素材导入到时间轴中。

5.1.1 添加图像素材

在会声会影 X4 中，可以插入静态的图像至编辑的项目中，然后将单独的图像进行整合，制作出一个电子相册。本节将主要介绍添加图像素材的多种方法。

1. 通过"插入照片"命令添加图像

通过"插入照片"命令添加图像的具体操作步骤如下。

01 进入会声会影 X4，选择"文件 > 将媒体文件插入到时间轴 > 插入照片"命令。

02 弹出"浏览照片"对话框，选择需要打开的图像素材"第5章（1）.jpg"。

03 单击"打开"按钮，即可将其导入到"时间轴"面板的视频轨中。

04 在预览窗口中，即可看到图像的播放效果。

执行"插入照片"命令时，在"浏览照片"对话框中按住Ctrl键的同时，在需要添加的素材上分别单击，可选择多个不连续的图像素材；按住Shift键的同时，可选择所有的图像素材。

2. 通过按钮添加图像素材

通过按钮添加图像素材的具体步骤如下。

01 进入会声会影 X4，单击素材库中的"导入媒体文件"按钮。

02 弹出"浏览媒体文件"对话框，在其中选择需要打开的图像素材"第 5 章（2）.jpg"。

03 单击"打开"按钮，即可导入到素材库中，然后将其从素材库拖曳至视频轨中。

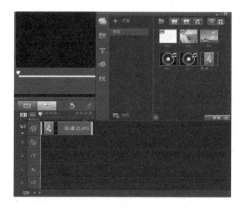

04 单击导览区中的"播放"按钮，预览图像效果。

3. 通过时间轴添加图像素材

通过时间轴添加图像素材的具体步骤如下。

01 进入会声会影 X4，在时间轴面板中单击鼠标右键，在弹出的快捷菜单中选择"插入照片"命令。

02 弹出"浏览照片"对话框，选择要打开的图像文件"第 5 章（3）.jpg"。

03 单击"打开"按钮，即可将图像素材导入到时
间轴中。

04 在预览窗口中，可以预览图像的效果。

5.1.2 添加视频素材

在编辑视频素材之前，首先需要将相应的视频素材添加到相应的轨道中。本节主要介绍添加视频
素材的方法。

1. 通过"插入视频"命令添加视频

通过"插入视频"命令添加视频的具体操作步骤如下。

01 进入会声会影 X4，执行"文件 > 将媒体文件
插入到时间轴 > 插入视频"命令。

02 弹出"打开视频文件"对话框，选择需要打开
的视频素材"故宫平面图 .mpg"。

03 单击"打开"按钮，即可将视频素材导入到时
间轴面板的视频轨中。

04 单击导览区中的"播放"按钮，即可预览通过
"插入视频"命令添加的视频。

2. 通过按钮添加视频素材

通过按钮添加视频素材的具体步骤如下。

01 进入会声会影 X4，单击素材库中的"导入媒体文件"按钮。

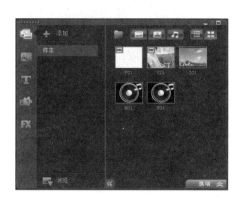

02 弹出"浏览媒体文件"对话框，在其中选择需要打开的视频素材"故宫集福门 .mpg"。

03 单击"打开"按钮，即可导入到素材库中，然后将其拖至视频轨中。

04 单击导览区中的"播放"按钮，预览视频效果。

3. 通过时间轴添加视频素材

通过时间轴添加视频素材的具体步骤如下。

01 进入会声会影 X4，在时间轴面板中单击鼠标右键，在弹出的快捷菜单中选择"插入视频"命令。

02 弹出"打开视频文件"对话框，选择要打开的视频素材"故宫的树 .mpg"。

单击"打开"按钮，即可将视频素材导入到时间轴中。

 在预览窗口中，可以预览视频素材的效果。

5.1.3 添加音频素材

　　添加音频素材的方法和导入图像的方法类似，常见的导入方法有从素材库中导入和从文件夹中导入两种。

1. 从素材库中导入

　　从素材库中导入音频素材到时间轴的具体步骤如下。

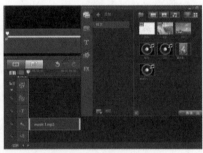 选择需要添加到时间轴的音频素材，按住鼠标将其拖至时间轴的声音轨上。

 单击"播放"按钮，试听音频素材效果。

2. 从文件夹中添加音频素材

　　从文件夹中添加音频素材到时间轴的具体步骤如下。

 在时间轴视图中单击鼠标右键，从弹出的快捷菜单中选择"插入音频 > 到声音轨"菜单命令，或者选择"插入音频 > 到音乐轨 #1"菜单命令。

 弹出"打开音频文件"对话框，从中选择要添加的音频文件，然后单击"打开"按钮。

03 选择的音频素材即被添加到时间轴的声音轨或音乐轨上。

04 单击"播放"按钮，试听音频素材效果。

5.2 剪辑视频素材

在会声会影 X4 中，剪辑视频素材的方法有多种，例如黄色标记剪辑视频，通过时间轴剪辑视频以及通过按钮剪辑视频等。

5.2.1 用黄色标记剪辑视频

在时间轴中选择需要剪辑的视频素材，在其两端会出现黄色标记，拖动标记即可修剪视频素材。这种剪辑方式适合修整长段素材。

01 打开会声会影 X4，在视频轨中插入一段视频素材"故宫的假山. mpg"。

02 移动光标至时间轴中视频素材的末端位置，当光标呈双向箭头时，按住左键并向左拖曳。

03 至合适位置后释放鼠标，单击"播放"按钮，预览剪辑后的视频，如右图所示。

去除素材中部分多余的内容

🔊 **案例描述**	◎ **要点提示**	熟练掌握剪辑技巧
如果捕获的视频素材某个部分的效果很差或者是不需要的内容，那么用户可以根据需要去除视频素材的这一部分。	🖥 **上 手 度**	★★★★★
	🖨 **原始文件**	去除中间.mpg
	🖨 **结果文件**	去除中间.vsp

01 将素材插入到视频轨，在时间轴上选中需要修整的素材，拖动飞梭栏找到需分割的位置，然后单击"上（下）一帧"按钮精确定位。

02 单击预览窗口下的"按照飞梭栏的位置分割素材"按钮，将该视频素材从当前位置分割为两段素材。

03 选择分割后的第二段视频素材，按照步骤1的方法找到需要分割的位置。

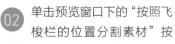

04 单击预览窗口下的"按照飞梭栏的位置分割素材"按钮，将第二段素材分成两段。

05 在视频轨上选择不需要的视频片段，然后按 Delete 键即可将其删除。

06 单击导览区中的"播放"按钮，预览图像效果。

提示 分割的素材并未被真正剪切

使用案例中的方法分割的素材并没有真正地被剪切为单独的视频文件。在时间轴上选择任意一段素材，可以看到分割的素材仅仅是调整了开始和结束的位置，仍然可以按照前面介绍的方法重新修整素材。只有单击"文件>保存修整后的视频"菜单命令后，分割的视频素材才会以单独文件的形式存在。

5.2.2 通过修整标记剪辑视频

两个修整标记之间的部分代表素材被选取的部分，拖动修整标记，即可对素材进行修整，且在预览窗口中将显示与修整标记对应的帧画面。

01 在视频轨中插入一段视频素材"故宫博物院大门.mpg"。将光标放在修整标记上，当光标呈双向箭头时，按住左键向右拖曳修整标记。

02 待移至合适位置后释放鼠标，单击"播放"按钮，预览剪辑后的视频，如右图所示。

5.2.3 通过时间轴剪辑视频

通过时间轴剪辑视频的具体操作方法如下。

01 在视频轨中插入一段视频素材"故宫的观景亭.mpg"。

02 移动鼠标至时间轴上方的滑块上，这时光标呈现双向前头形状。

03 按住鼠标左键向右拖曳至合适位置，释放鼠标，然后在预览窗口的右下角单击"开始标记"按钮，在时间轴上方会显示一条桔红色线。

04 用同样的方法，确定视频的终点位置，此时选定的区间将以桔红线表示。最后单击导览区中的"播放"按钮，即可预览剪辑后的视频效果。

5.2.4 通过按钮剪辑视频

通过按钮剪辑视频素材，可以将视频素材剪辑成多段——这种方法适合从视频素材中截取出中间部分。具体步骤如下。

01 打开会声会影 X4，在视频轨中插入一段视频
素材"故宫里的门 . mpg"。

02 拖曳预览窗口下方的飞梭栏至合适位置，单击
"按照飞梭栏的位置分割素材"按钮。

03 此时，视频轨中的素材将被剪辑成两段。

04 用前面相同的方法，再次对视频轨中的素材
进行剪辑操作。

05 在时间轴中，选中被截取出来的三段视频中
的前后两段，按 Delete 键将其删除。

06 剪辑完成后，单击导览区中的"播放"按钮，
预览视频效果。

5.3 修整素材

修整视频素材前，用户需先学会一些有关视频的基础操作，包括调整素材显示顺序、调整视
频素材声音以及调整视频素材区间等。

5.3.1 调整素材显示顺序

在会声会影 X4 中编辑素材图像时，用户可根据需要调整素材的显示顺序。

01 在"时间轴"面板上选择需要移动的素材，按住鼠标左键并拖至第1幅素材的前面，此时光标呈现 ▶ 形状。

02 拖动的位置处将会显示一条竖线，表示素材的移动位置。最后释放鼠标左键，即可移动成功。

5.3.2 调整视频素材声音

进行视频编辑时，为了使视频的场景和音乐充分的配合，那就需要调整视频素材的音量。

01 在视频轨中插入一段视频素材"储秀宫.mpg"。选择视频轨中的视频素材，单击素材库下方"选项"按钮。

02 单击"视频"选项面板中素材音量的下三角形按钮 ▼，弹出音量列表，拖曳右侧的滑块至合适大小。

5.3.3 将视频与音频分割

在会声会影 X4 中，进行视频编辑时，若要更改视频素材音频效果，就需要将视频与音频分离，然后再对音频文件进行更改。

01 在视频轨中插入一段视频素材"修整素材（1）.mpg"。

02 在选项面板中单击"分割音频"按钮，影片中的音频将与视频分离。

 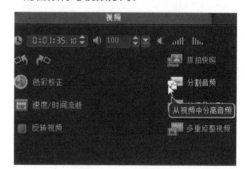

03 此时，视频素材中已经不包含声音，声音被自动添加到声音轨。

04 单击导览区中的"播放"按钮，即可预览分割音频后的效果。

提 示　　运用快捷菜单命令分割音频

在"时间轴"面板中选择素材，单击鼠标右键，在弹出的快捷菜单中选择"分割音频"命令，可以快速将视频与音频分割。

5.3.4 调整视频素材区间

调整视频素材的区间可以使视频素材保持固定的长度，具体操作如下。

01 在视频轨中插入一段视频素材"修整素材（2）.mpg"。

02 在"视频"选项面板中，单击"视频区间"秒数值，使其呈可编辑状态。

03 将视频区间的数值更改为 00:01:00:00，按Enter 键进行确定。

04 完成操作后，即将视频素材区间调整为 1 分钟。

5.3.5 删除所选素材

删除所选素材的具体操作如下。

01 在视频轨中插入多段视频素材"修整素材（1）.mpg"和"修整素材（2）.mpg"。

02 在视频轨上选择不需要的视频片段，然后按Delete 键即可将不需要的视频素材删除。

5.3.6 按场景分割素材

按场景分割素材功能可以按照视频录制的日期、时间或者视频内容的变化（如动作变化、相机移动及亮度变化等），将捕获的视频分割成单独的场景，具体操作步骤如下。

① 在视频轨中插入一段视频素材"修整素材（3）.mpg"。

② 在"视频"选项面板中，单击"按场景分割"按钮■，弹出"场景"对话框。

③ 在"场景"对话框中单击"扫描"按钮，开始对视频素材进行场景扫描。

④ 扫描完毕后，单击"确定"按钮，在视频轨中可以看到视频素材被自动地分割成多段。

5.4 多重修整视频

多重修整视频是将视频分割成多个片段的另一种方法，它可以让用户完整地控制要提取的素材和更方便地管理素材。

5.4.1 "多重修整视频"对话框

在多重修整视频操作之前，首先需要打开"多重修整视频"对话框。

① 在视频轨中插入一段视频素材"多重修整素材（1）.mpg"。

② 选择"编辑>多重修整视频"菜单命令，打开"多重修整视频"对话框。

提示

打开"多重修整视频"对话框的另一种方法

插入一段视频素材后，单击"视频"选项面板中的"多重修整视频"按钮，也可以弹出"多重修整视频"对话框。

5.4.2 快速搜索间隔

在会声会影 X4 中，快速搜索间隔的具体操作步骤如下。

01 在视频轨中插入素材"多重修整素材（2）.mpg"，单击"视频"选项面板中的"多重修整视频"按钮，弹出"多重修整视频"对话框。

02 移动预览窗口下方的飞梭栏至合适位置后释放鼠标，然后单击"转到上一帧"按钮 和"转到下一帧"按钮 进行精确定位。

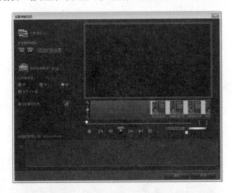

03 单击"设置开始标记"按钮 ，确定起始位置，这时可以看到飞梭栏的下方出现了一个桔红色小三角形符号，表示起始位置已经设置。

04 设置搜索间隔时间。在"快速搜索间隔"数值框中单击，当数值处于闪烁状态时输入需要的数值，然后按下回车键即可。这里设置为 1 秒。

05 单击"向前搜索"按钮，并单击"设置结束标记"按钮确定素材的结束位置。在预览窗口下方出现了一段桔红色标记，同时时间轴上也会出现修整的素材。

06 参照以上步骤修整出需要的多个片段，然后单击"确定"按钮即可。

5.4.3 反转选取

在实际操作中，反转选取的具体操作步骤如下。

01 在视频轨中插入一段视频素材"多重修整素材（3）.mpg"，单击"视频"选项面板中的"多重修整视频"按钮，弹出"多重修整视频"对话框。

02 移动飞梭栏至需要提取视频片段的开始位置，单击"设置开始标记"按钮，这时在飞梭栏的下方出现一个桔红色小三角形符号，表示起始位置已经设置。

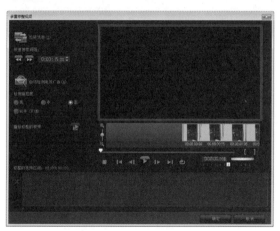
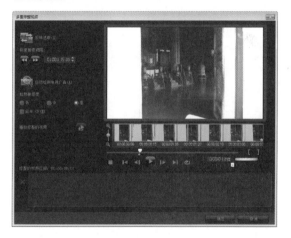

03 移动飞梭栏至需要提取视频的结束位置，单击"设置结束标记"按钮，确定素材片段的结束位置。

04 单击"反转选取"按钮，即可对素材进行反转选取。随后，单击预览窗口左侧的"仅播放修整后的视频"按钮，可对反转后的效果进行预览。

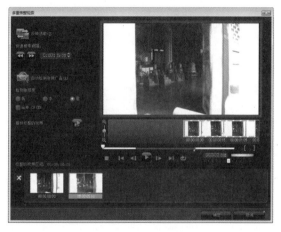

5.4.4 转到特定时间码

为了快速、准确地确定开始或结束截取视频素材的时间，在"多重修整视频"对话框中可以设置转到特定的时间码，其具体步骤如下。

01 在视频轨中插入一段视频素材"多重修整素材（4）.mpg"，然后进入"多重修整视频"对话框。

02 在预览窗口的下方，单击"转到特定时间码"数值框中的任意一个数值，激活数值呈可编辑状态，设置参数为00:00:45:00，按Enter键确定即可。

5.5 精准修整素材

会声会影 X4 提供了专业的色彩校正功能，可以很轻松地针对过暗或偏色的影片进行校正，也可以将影片设成具有艺术效果的色彩。本节主要介绍色彩校正的具体方法。

5.5.1 调整素材的色彩参数

通过运用会声会影 X4 提供的色彩校正功能，用户可以轻松地调整影片过亮或过暗的现象，也可以将影片调整成具有个性的艺术效果。其具体操作步骤如下。

01 在视频轨中插入一段视频素材"精准修整素材（1）.mpg"。在"视频"选项面板中单击"色彩校正"按钮。

02 分别拖曳"色调"、"饱和度"、"亮度"、"对比度"和"Gamma"选项右侧的滑块，设置其参数。

 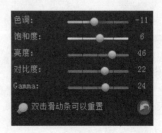

03 完成操作后，单击"播放"按钮，即可看到调整后的图像效果，如右图所示。

提示

重置色彩

如果对所设置的色彩参数不满意，可以逐个在滑动条上双击鼠标重置参数，也可单击右下角的"将滑动条重置为默认值"按钮 将所有的参数重置。

5.5.2 调整素材的白平衡

在图像或视频素材中，有些物体可能会显得过红或者泛黄，要想成功地获得其自然效果，需要在图像中确定一个代表白色的参考点。下面对其相关操作进行介绍。

01 在视频轨中插入图像素材"白平衡.jpg"，在"照片"选项面板中单击"色彩校正"按钮。

02 在弹出的选项面板中选中"白平衡"复选框，单击"白平衡"选项组中的"选取色彩"按钮。

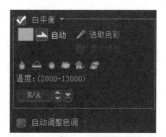

03 移动鼠标至预览窗口中需要选取色彩的位置，当光标呈吸管状时，单击鼠标左键。

04 完成操作后，系统会根据所选取的白点，对图像的白平衡进行自动调整。

5.5.3 自动调整色调

通过自动调整色调功能，可以调整视频或图像素材的色调，可以将素材色调设置为最亮、较亮、一般、较暗或最暗，具体操作步骤如下。

01 在视频轨中插入一段图像素材"第5章（6）. jpg"。在"照片"选项面板中单击"色彩校正"按钮。

02 在弹出的选项面板中选中勾选"自动调整色调"复选框，然后单击其右侧的下三角形按钮，在弹出的列表中选择"最亮"选项。

03 完成操作后，素材的色调被自动调整，如右图所示。

5.5.4 旋转素材

把素材插入到视频轨中进行编辑时，有些素材会倒置，这时就需要对素材进行旋转，具体步骤如下。

01 在视频轨中插入图像素材"第5章（7）.jpg"，在预览窗口可看到素材中的景物被倒置。

02 在"照片"选项面板中单击"将照片顺时针旋转 90 度"按钮，即可完成对素材的旋转。

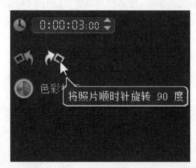

5.6 应用摇动和缩放效果

可以将摇动和缩放效果应用到静态图像上，模拟摄像机的摇动和缩放效果，从而使静态的图像具有动感。

5.6.1 应用摇动和缩放的预设值效果

在"照片"选项面板中的"摇动和缩放"下拉列表中提供有各种摇动和缩放的预设值，用户可以在该下拉列表中选择一个应用到图像素材上。

选择并应用摇动和缩放效果的具体步骤如下。

01 在视频轨中插入一张照片素材"第5章（4）.jpg"。单击素材库下方的"选项"按钮，然后选中"摇动和缩放"单选按钮。

02 单击下拉按钮弹出下拉列表，在此下拉列表中选择需要使用的摇动和缩放类型。

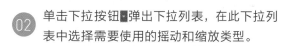

03 单击导览区的"播放"按钮，查看摇动和缩放的应用效果。

04 如果用户需进一步对摇动和缩放的效果进行调整，可以自定义摇动和缩放的效果。

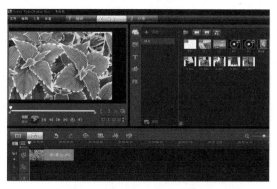

5.6.2 自定义摇动和缩放效果

自定义摇动和缩放效果的具体步骤如下。

01 开启会声会影X4应用程序，在视频轨中插入素材文件"第5章（5）.jpg"。

02 在"照片"选项卡中选中"摇动和缩放"单选按钮，并单击"自定义"按钮打开"摇动和缩放"对话框。

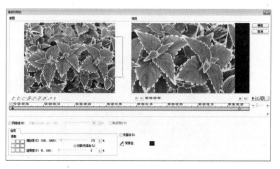

03 在"缩放率"数值框中输入160。拖动时间轴上的 ☐ 滑块，在合适的位置释放，此时上方的"添加关键帧"按钮 + 处于可用状态，单击"添加关键帧"按钮 + ，在时间轴上添加一个红色的节点。

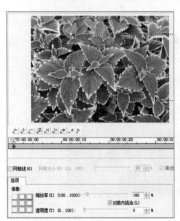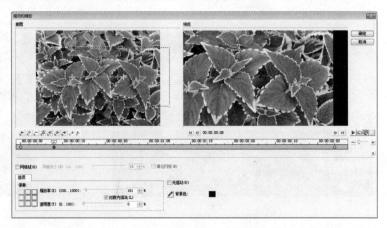

04 按照前面的步骤可以添加多个节点并设置缩放率。然后单击"背景色"颜色框，弹出"Corel 色彩选取器"对话框，用户在该对话框中可以设置背景色。这里在右边的"R、G、B 3 个数值框中分别输入 151、77 和 109。

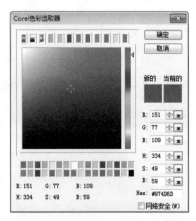

05 单击"确定"按钮返回"摇动和缩放"对话框，然后将"透明度"数值框中的数值设置为35，此时在预览窗口中颜色已经发生了变化。

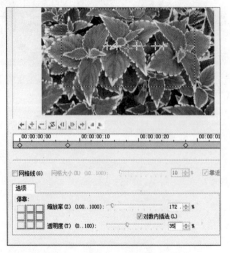

06 在"摇动和缩放"对话框中单击 ▶ 按钮，可以在预览窗口中预览前面步骤所设置的效果。如果达到了需要的效果，那么单击"确定"按钮即可。

提示 对摇动和缩放效果的调整

如果对应用的图像效果不满意，可尝试对关键帧及缩放率、透明度等参数进行修改，重新调整摇动和缩放的属性即可。

5.7 将视频画面保存为静态图像

在视频编辑过程中，可以将素材中的某一帧画面保存为图像素材应用，比如作为贺卡的背景图像或者标题的背景图片等。本节介绍如何将视频素材中的画面保存为静态图像。

01 将素材添加到故事板中，然后拖动飞梭栏，在预览窗口中便会显示视频当前帧的图像。

02 找到要保存的帧后，在"视频"选项卡中单击"抓拍快照"按钮。

03 或者选择"工具 > 抓拍快照"菜单命令。

04 抓拍的静态图像会自动地存放在图像素材库中，以便以后编辑影片时使用。

提示 查看图像属性

在素材库的缩略图上单击鼠标右键，从弹出的快捷菜单中选择"属性"菜单命令，可以查看静态图像的尺寸以及保存路径等。

5.8 变形素材

在编辑影片的过程中，有的时候还需要调整素材的大小和形状。使用会声会影 X4 可以很方便地对素材实施变形。下面将以实例的形式对素材大小和形状的改变操作进行介绍。

对画面进行变形

🔊 **案例描述**		◎ **要点提示**	调整素材的大小和形状
为了使画面适合某些特定的比例和效果，通常会对视频素材进行变形操作，改变其大小和形状以达到编辑效果。		🖼 **上 手 度**	★★★★★
		🖨 **原始文件**	变形素材.mpg
		🖨 **结果文件**	变形素材.mpg

01 在视频轨中插入一段视频素材，在选项面板中切换到"属性"选项卡中，选中"素材变形"复选框。

02 在预览窗口中可以看到素材的周围有8个黄色控制点，并且在其4个角上还有4个绿色控制点。

03 当光标停留在黄色控制点上并改变形状时，按住鼠标不放向内拖动，此时素材缩小。

04 按照同样的操作方法，可以从不同的方向调整素材的大小。

05 当光标停留在绿色控制点上变为 形状时，拖动绿色方块可调整素材的形状。

06 按照上述方法继续调整。其中黄色控制点用来调整大小，绿色控制点用来调整形状。

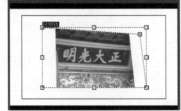

07 在"属性"选项卡中选中"显示网格线"复选框可以精确地调整素材的大小和形状。

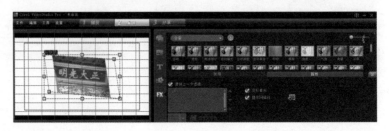

Q：使用会声会影 X4编辑图片时，怎样设置才能提高清晰度？

A：在将图片插入会声会影X4以前用图像处理软件更改图片的大小：如果制作DVD，则将图片修改成720×576；如果制作VCD，则将图片修改成352×288，并且在会声会影X4的"参数选择"对话框的"编辑"选项卡中设置图像重新采样选项为调整到项目大小。

Q：在会声会影 X4中编辑影片时，为什么导入一个1GB的视频文件，保存为项目文件后，文件的大小只有几十KB大小？

A：这是由于会声会影X4项目文件只保存了导入的素材的链接路径和相关的设置及转场和滤镜效果等，而并没有将视频素材整合保存到项目文件中，所以项目文件只有几十KB大小。

这些文件并没有被保存到项目文件中

Q：可以将素材库中的素材文件更换名称吗？

A：可以。用户可根据需要为素材库中的所有文件更改名称。更改时两次单击目标文件，文件名处于编辑状态，重新输入需要的文件名称，然后单击任意位置即可。

Q：可以使用会声会影 X4打印图片吗？

A：在会声会影X4程序中，不可以直接打印图片文件。当需要将视频文件中的某一画面进行打印时，可以将画面保存为静态图片，然后利用其他程序打印。

Q：将素材插入到会声会影 X4后，如何查看素材文件的属性？

A：将素材文件插入到时间轴后，鼠标右击要查看属性的文件图标，弹出快捷菜单，选择"属性"命令，弹出"属性"对话框，即可看到当前素材的相关属性。

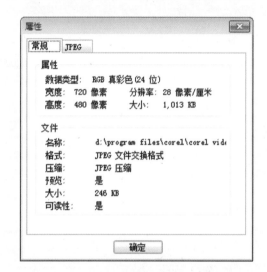

Q：在会声会影中，剪辑后的视频文件如何形成新的视频文件？

A：可以在素材菜单中选择保存修整后的视频，新生成的视频就会显示在素材库中。在制作片头、片尾时，需要的片段就可以用这种方法逐段分别生成后再使用。把选定的视频文件放到视频轨上，通过渲染，加工输出为新的独立的视频文件。

Q：如何使用会声会影 X4只采集视频中的音频文件？

A：首先把视频采集到计算机硬盘，最好采集成48Hz的MPEG2格式或者DV格式，然后在编辑面板中，单击"分割音频"即可把音频分离出来。然后删除视频部分，或者单独编辑、渲染音频，最后按照自己的需要将它保存为新的音频文件。

在"色彩"素材库中，会声会影X4程序只提供了15种色彩文件，若需要获得更多的色彩文件，可以对其进行更改，以达到编辑需要的效果，具体操作步骤如下。

步骤1 单击素材库中的"图形"按钮 ，切换至"图形"素材库。

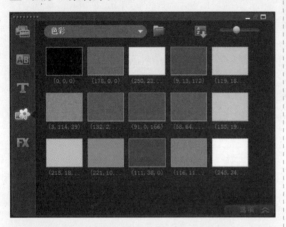

步骤2 向视频轨中添加任一色彩素材。

步骤3 选中该色彩，单击"选项"按钮，弹出"色彩"选项卡。

步骤4 单击色彩选取器前方的色块，弹出颜色列表框，单击"Corel 色彩选取器"选项。

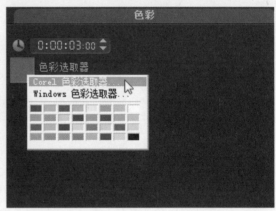

步骤5 在弹出的"Corel 色彩选取器"对话框中，根据需要选择颜色，然后单击"确定"按钮。

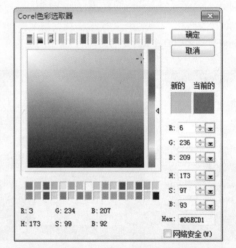

步骤6 在视频轨中可以看到，添加的色彩素材已发生了颜色变化。

转场效果应用

本章内容简介

在会声会影 X4中，转场是一种特殊的滤镜效果，是在两个图像或视频之间创建某种过渡效果。运用转场效果，可使两素材之间的过渡更加生动、自然，制作出效果震撼的专业作品。本章详细地介绍了各种转场效果的应用，以及转场的属性设置等内容。

通过本章学习，用户可了解

① 手动添加转场

② 自动添加转场

③ 设置转场效果

④ 精彩转场实战应用

⑤ 好莱坞转场

6.1 应用转场效果

在会声会影 X4 中，应用转场效果后，将会使各素材之间的过渡更加自然流畅。为素材之间添加转场效果后，用户还可以对转场效果的一些属性进行自定义设置，以创作出丰富的视觉效果。下面将对转场效果的基本操作进行介绍。

6.1.1 手动添加转场效果

会声会影 X4 提供了多种转场效果，用户可根据需要手动添加转场效果，从而制作出绚丽多彩的视频作品。手动添加转场效果的具体操作步骤如下。

01 进入会声会影 X4，在"故事"板中插入两幅图像素材，如"手动添加 1.jpg"和"手动添加 2.jpg"。

02 在素材库中单击"转场"按钮，切换至"转场"素材库，单击"画廊"下拉按钮，在弹出的下拉列表中选择"相册"选项。

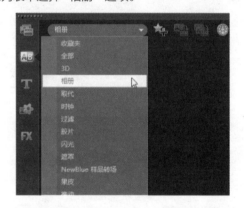

03 在"相册"转场样式中，选择"翻转"转场效果，按住鼠标左键将其拖至故事板视图的两个素材图像之间，以为其添加"翻转"转场效果。或者，当选中转场效果后，单击"对视频轨应用当前效果"按钮，也可为素材添加指定的转场效果。

04 单击导览区中的"播放"按钮，可以预览添加的转场效果。

6.1.2 自动添加转场效果

会声会影 X4 提供了默认的转场效果，在将素材添加到项目的同时，将自动地在素材之间添加转场效果。

01 进入会声会影 X4，按 F6 键打开"参数选择"对话框，并切换至"编辑"选项卡。选中"自动添加转场效果"复选框，然后单击"确定"按钮。

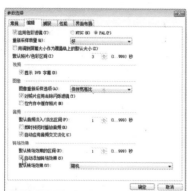
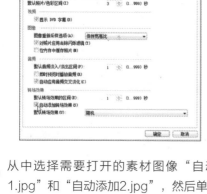

02 在故事板中单击鼠标右键，在弹出的快捷菜单中选择"插入照片"命令，打开"浏览照片"对话框。

03 从中选择需要打开的素材图像"自动添加1.jpg"和"自动添加2.jpg"，然后单击"打开"按钮，即可添加选择的素材，并自动为其添加转场效果。

04 单击导览区中的"播放"按钮，预览自动添加的转场效果。

 提示　添加随机转场效果

在没有设置"自动添加转场效果"时，单击"转场"素材库中的"对视频轨应用随机效果"按钮，可快速地为素材添加随机的转场效果。

6.2 设置转场效果

会声会影 X4 提供了 16 种转场样式，并且每一种转场样式又包含多个转场效果，每个转场效果的参数也不尽相同。选中一个转场效果后，选项面板上将显示当前转场效果可以调整的参数。下面对调整转场的位置、持续时间，替换和删除转场等操作进行介绍。

6.2.1 调整转场效果的位置

如果要调整转场效果的位置，则可以先选择所要移动的转场效果，然后再将其拖至合适位置即可，其具体操作步骤如下。

01 打开项目文件"调整转场位置.vsp"，在故事板中选择第 2 个转场，按住鼠标左键将其拖至前两个素材之间。

02 拖至指定位置后释放鼠标左键。随后单击导览区中的"播放"按钮，便可预览移动后的转场效果。

6.2.2 调整转场的持续时间

在会声会影 X4 中，用户可以自定义转场效果的持续时间，以满足某些特殊需要，从而制作出更为精彩的视频作品。

01 在故事板中插入两幅素材图像（"调整转场时间 1.jpg"和"调整转场时间 2.jpg"），在"过滤"转场样式中，选择"随机"转场效果，并将其添加至素材图像之间。

02 选中添加的转场效果后，在"转场"选项卡中"区间"数值框的数值 01 上单击鼠标左键，将其激活以进入可编辑状态，随后输入数值 03。

03 单击导览区中的"播放"按钮，预览设置区间后的转场效果。

提示 | 利用时间轴调整转场效果时间

在时间轴视图模式下，将光标置于转场效果的两端，当光标呈向左箭头或向右箭头时，按住鼠标左键向左或右拖曳鼠标，也可以调整转场效果的时长。

下面将对"转场"选项卡中的各参数进行介绍。

- 区间：以"时：分：秒：帧"的形式显示在所选素材上所应用效果的时长，用户可以通过修改此时间码的值来调整转场效果的持续时间。
- 边框：用于设置边框的宽度（仅适用于某些转场效果）。在其数值框中输入 0，则可以删除已有边框。
- 色彩：用于设置转场效果的边框或者两侧的颜色（仅适用于某些转场效果）。单击右侧的颜色框，在弹出的颜色面板中可以选择"Corel 色彩选取器"或"Windows 色彩选取器"选项来设置自己需要的色彩。
- 柔化边缘：用于指定转场效果和素材的融合程度（仅用于某些转场效果）。单击"强柔化边缘"按钮可以使转场不明显，从而在素材之间创建平滑的过渡——此选项最好用于不规则的形状和角度。

6.2.3 替换和删除转场

在为素材添加转场效果后，还可以根据需要将其替换或删除。下面对其具体操作进行介绍。

01 打开项目文件"替换和删除 .vsp"，在"闪光"转场样式中选择"闪光"转场效果，然后将其拖至故事板中第 1 个转场效果上方。

02 释放鼠标左键后，即可完成效果的替换操作。随后将会发现原有的转场效果已经替换成"闪光"转场效果。

03 单击第 2 个转场效果，按 Delete 键或右击转场效果，在弹出的快捷菜单中选择"删除"命令，即可删除第 2 个转场效果。

04 单击导览区中的"播放"按钮，预览替换后的转场效果。

将转场效果添加到收藏夹

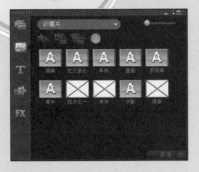

🔊 **案例描述**		◉ **要点提示**	收藏转场效果
在使用转场的时候，可以把经常使用的转场效果放到收藏夹中，便于管理。		🖥 **上 手 度**	★★★★★
		🖶 **原始文件**	无
		🖶 **结果文件**	无

01 开启会声会影X4，切换至"转场"选项卡，单击窗口上方的"画廊"下拉按钮，在弹出的下拉列表中选择"时钟"选项。

02 选择"单向"转场效果后，单击"添加到收藏夹"按钮。或是选择右键菜单中的"添加到收藏夹"命令。

03 单击"画廊"下拉按钮，在弹出的下拉列表中选择"收藏夹"选项，即可看到收藏夹中所收藏的转场效果。

04 参照步骤2的操作方法，可以向收藏夹中添加多个转场效果。

05 在收藏夹中选择需要删除的转场效果，单击鼠标右键，在弹出的快捷菜单中选择"删除"命令。

06 随后将弹出一提示对话框，从中单击"是"按钮可完成删除操作，若单击"否"按钮将取消本次删除操作。

6.3 常用转场效果

本节通过一些常用的精彩转场效果实战，介绍转场效果的应用方法。

6.3.1 3D转场

3D转场样式中包含了15种3D类型的转场效果，如手风琴、对开门、百叶窗、外观、飞行木板、飞行方块、滑动、挤压、漩涡等。下面以"对开门"转场效果为例介绍3D转场样式，其具体操作步骤如下。

范　例
Example
14

制作对开门转场效果

🔊 **案例描述**	顾名思义，对开门效果就是指第1个素材转向第2个素材的时候，呈现出一种像门被打开一样的效果。
◎ **要点提示**	"对开门"转场效果
🖼 **上手度**	★★★★☆
🖨 **原始文件**	对开门1.jpg、对开门2.jpg
🖨 **结果文件**	6.3.1.vsp

01 在故事板中插入两幅图像："对开门1.jpg"和"对开门2.jpg"。

02 切换至"转场"选项卡，在"画廊"下拉列表中选择3D选项。

03 随后在素材库中，将会看到所有3D类型的转场效果。

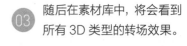

04 将素材库中的"对开门"转场效果拖至故事板中的两素材图像之间。

05 选中转场效果，在"转场"选项卡中，设置边框数值为1，色彩设置为白色。

06 单击导览区中的"播放"按钮，预览"对开门"转场效果。

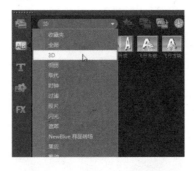

117

6.3.2 旋转转场

"旋转"转场样式包含了 4 种转场效果,其分别是响板、铰链、旋转、分隔铰链。下面以"铰链"转场效果为例介绍"旋转"转场样式,具体操作步骤如下。

范 例
Example

15

制作铰链转场效果

◀))案例描述	本实例使用"铰链"转场效果制作。"铰链"转场效果是一个素材以某个角点为中心进行旋转运动并被另一个素材取代的效果。
◎ 要点提示	"铰链"转场效果的应用
▦ 上 手 度	★★★★★
🖶 原始文件	铰链1.jpg、铰链2.jpg
🖶 结果文件	6.3.2.vsp

01 在故事板中插入两幅图像如"铰链 1.jpg"和"铰链 2.jpg"。

02 切换至"转场"选项卡,在对应素材库中选择"铰链"转场效果,然后将其拖至两素材之间。

03 选中转场效果,在"转场"选项卡中,设置方向为"由左到右"。单击"播放"按钮进行预览。

6.3.3 胶片转场

"胶片"转场样式包括了13种转场效果,其分别是横条、对开门、交叉、飞去A、飞去B、渐进、单向、分成两半、分割、翻页、扭曲、环绕、拉链。下面以"翻页"转场效果为例展开介绍。

| 范例 Example 16 | 制作翻页转场效果 |

🔊 案例描述	"翻页"转场效果产生像翻书一样的立体转场效果。
🎯 要点提示	"翻页"转场效果的应用
🖥 上手度	★★★★★
🖨 原始文件	翻页1.jpg、翻页2.jpg
🖨 结果文件	6.3.3.vsp

01 在故事板中插入两幅图像:"翻页1.jpg"和"翻页2.jpg"。切换至"转场"选项卡。

02 在"胶片"转场样式中选择"翻页"转场效果,将其拖至两素材之间。

03 单击导览区中的"播放"按钮,预览"翻页"转场效果。在此使用的是默认设置。

04 在故事板中选中该转场,单击"转场"素材库中的"选项"按钮,打开"转场"选项卡。

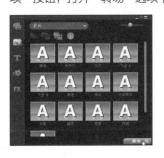

05 在"方向"选项中,单击"右上到左下"按钮🔲,设置翻页方向为右上到左下。

方向:

右上到左下

06 单击导览区中的"播放"按钮,预览右上到左下"翻页"转场效果。

6.3.4 相册转场

"相册"转场样式只包括一个"翻转"转场效果，下面对其应用进行介绍。具体操作步骤如下。

🔊 案例描述	"翻转"转场效果是以相册翻动的方式来展现视频或静态画面。"翻转"转场效果的参数设置丰富，可以选择多种相册布局、封面、背景、大小和位置等。
◎ 要点提示	"翻转"转场效果的应用
🖼 上手度	★★★★★
🖨 原始文件	相册1.jpg、相册2.jpg
🖨 结果文件	6.3.4.vsp

01 在故事板中分别插入两幅图像："相册 1.jpg"和"相册 2.jpg"。

02 切换至"转场"选项卡，在"相册"转场样式中选择"翻转"转场效果，拖至两素材之间。

03 选中转场效果，在"转场"选项卡中，单击"自定义"按钮，打开相册对话框。

04 首先选择相册的布局，然后在"相册"选项卡中将大小设置为 10，并设置相册的封面。根据需要还可以切换至其它选项卡，对相册中的每一个页面进行相应的设置。最后单击"确定"按钮即可，如右图所示。

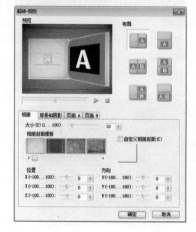

05 单击导览区中的"播放"按钮，预览"翻转"转场效果。

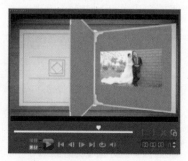

6.3.5 时钟转场

"时钟"转场样式包括了7种转场效果，分别是居中、四分之一、单向、分割、清除、转动、扭曲。下面以"清除"转场效果为例介绍"时钟"转场样式。

范例 Example
18

🔊 **案例描述**	"清除"转场特效是以屏幕的中心为旋转中心，逐步旋转至整个屏幕，从而将第一个场景清除，显示出第二个场景。
◎ **要点提示**	"清除"转场效果的应用
🖼 **上手度**	★★★★★
🖨 **原始文件**	时钟1.jpg、时钟2.jpg
🖨 **结果文件**	6.3.5.vsp

制作逆时针清除转场效果

---

01 在故事板中插入两幅图像："时钟1.jpg"和"时钟2.jpg"。

02 切换至"转场"选项卡，在"时钟"转场样式中选择"清除"转场效果。

03 按住鼠标左键不放，将其拖至两素材之间，然后释放鼠标。

04 单击"素材库"面板中的"选项"按钮，设置柔化边缘为"强柔化边缘" 🔘。

05 在"方向"选项下，单击"逆时针"按钮。

06 单击导览区中的"播放"按钮，预览"清除"转场效果。

6.3.6 闪光转场

在会声会影 X4 中，"闪光"转场样式只包括"闪光"转场效果一种，下面对其具体应用进行介绍。

范 例
Example
19

制作闪光转场
效果

🔊 案例描述	"闪光"转场效果是指在素材转换时，通过添加灯光，创建出绚丽的画面效果。
◎ 要点提示	"闪光"转场效果的应用
🖥 上 手 度	★★★★★
🖨 原始文件	闪光1.jpg、闪光2.jpg
🖨 结果文件	6.3.6.vsp

01 在故事板中分别插入两幅图像："闪光 1.jpg"和"闪光 2.jpg"。

02 切换至"转场"选项卡，在"闪光"转场样式中选择"闪光"转场效果，将其拖至两素材之间。

03 选中转场效果，在"转场"选项卡中，单击"自定义"按钮，打开"闪光 – 闪光"对话框。

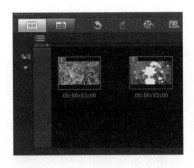

04 分别将淡化程度、光环亮度、光环大小和对比度的数值都设置为1，然后单击"确定"按钮。

05 单击导览区中的"播放"按钮，预览"闪光"转场效果。

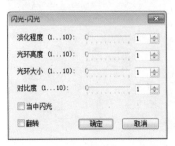

> **提示**
>
> **闪光转场效果参数**
>
> 淡化程度：设置遮罩的柔化度。
>
> 光环亮度：设置灯光强度。
>
> 光环大小：设置灯光覆盖区域的大小。
>
> 对比度：设置两个素材之间的色彩对比度。
>
> 当中闪光：选中该项，中心灯光强度增大。
>
> 翻转：翻转遮罩效果。

6.3.7 遮罩转场

"遮罩"转场样式包括了6种转场效果,如遮罩A、遮罩B等,下面对其典型应用进行介绍。

🔊 **案例描述**	遮罩转场是指在素材之间进行转换时,将不同的图案作为遮罩应用到转场效果中。
◎ **要点提示**	"遮罩C"转场效果的应用
🖼 **上手度**	★★★★★
🖨 **原始文件**	1.jpg、2.jpg
🖨 **结果文件**	6.3.7.vsp

制作图片变成枫叶飞出的效果

01 在故事板中插入两幅图像素材。

02 切换至"转场"选项卡,在"遮罩"转场样式中选择"遮罩C"转场效果,将其拖至两素材之间。

03 选中转场效果,在"转场"选项卡中,单击"自定义"按钮。

04 打开"遮罩–遮罩C"对话框,选择"遮罩"类型为枫叶,路径设置为缩小,其他选项保持默认。设置完成后单击"确定"按钮。

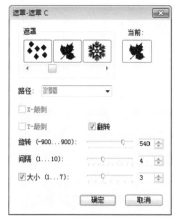

05 单击导览区中的"播放"按钮,预览"遮罩C"转场效果。

6.3.8 NewBlue 样品转场

"NewBlue 样品转场"转场样式包括 5 种转场效果，分别是 3D 采屑、3D 比萨饼盒、色彩融化、拼图、涂抹。下面以"色彩融化"转场效果为例介绍"NewBlue 样品转场"转场样式。

范　例 Example 21 制作渐变效果		
🔊 案例描述	本实例使用"色彩融化"转场效果，为两个素材的切换创造一种渐变融化的效果，使两者过渡比较自然。	
◎ 要点提示	"色彩融化"转场效果的应用	
🖼 上手度	★★★★★	
🖨 原始文件	渐变1.jpg、渐变2.jpg	
🖨 结果文件	6.3.8.vsp	

01　在故事板中分别插入两幅图像："渐变 1.jpg"和"渐变 2.jpg"。

02　切换至"转场"选项卡，从"New Blue样品转场"转场样式中选择"色彩融化"转场效果。

03　按住鼠标左键不放，将其拖至两素材之间，然后释放鼠标。

04　为了使该转场效果更加精彩，用户可以对其进行自定义。单击"自定义"按钮。

05　在弹出的"NewBlue色彩融化"对话框中，选择"幻觉"效果，然后单击"确定"按钮。

06　单击导览区中的"播放"按钮，预览"色彩融化"转场效果。

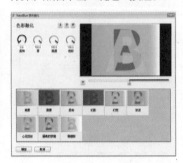

6.3.9 卷动转场

"卷动"转场样式包括了7种转场效果,分别是横条、渐进、单向、分成两半、分割、扭曲、环绕。下面将对其典型的转场效果进行应用,具体操作步骤如下。

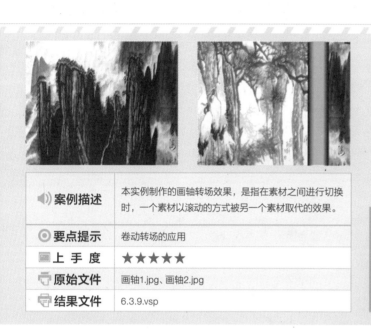

范 例
Example
22

🔊 **案例描述**	本实例制作的画轴转场效果,是指在素材之间进行切换时,一个素材以滚动的方式被另一个素材取代的效果。
◎ **要点提示**	卷动转场的应用
🖼 **上 手 度**	★★★★★
🗄 **原始文件**	画轴1.jpg、画轴2.jpg
🖨 **结果文件**	6.3.9.vsp

制作画轴转场效果

01 在故事板中插入两幅图像:"画轴 1.jpg"和"画轴2.jpg"。

02 切换至"转场"选项卡,在"卷动"转场样式中选择"单向"转场效果。

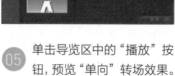

03 按住鼠标左键不放,将其拖至两素材之间,然后释放鼠标,即可应用所选效果。

04 单击"素材库"面板中的"选项"按钮,在打开的选项卡中,设置运动方向等选项。

05 单击导览区中的"播放"按钮,预览"单向"转场效果。

06 如果用户对当前效果不满意,则可以尝试更换其他转场效果,如"环绕"转场效果。

6.3.10 推动转场

"推动"转场样式包括了5种转场效果，其分别是横条、网孔、跑动和停止、单向、条带。下面将对其典型的转场效果进行应用。

范　例 Example 23 制作画面被推走的效果		
🔊 **案例描述**	本实例应用推动转场制作出画面被推走的效果，一个素材以推动的方式被另一个素材所取代。	
◎ **要点提示**	推动转场的应用	
🖥 **上手度**	★★★★★	
🗂 **原始文件**	推动1.jpg、推动2.jpg	
🖨 **结果文件**	6.3.10.vsp	

01 在故事板中插入两幅图像："推动1.jpg"和"推动2.jpg"。

02 切换至"转场"选项卡，从"推动"转场样式中选择"单向"转场效果。

03 按住鼠标左键不放，将其拖至两素材之间，然后释放鼠标即可。

04 单击"素材库"面板中的"选项"按钮，在打开的区域中对当前效果进行设置。

05 单击导览区中的"播放"按钮，预览"单向"转场效果。

06 用户还可以尝试使用"推动"转场样式中的其他转场效果，如"横条"转场效果等。

6.4 好莱坞插件的应用效果

提到好莱坞插件 Hollywood FX，相信用户都不陌生，它是一种专做 3D 转场特效的软件，可以作为很多视频编辑软件的插件来使用。它具有丰富的转场特效和强大的特效控制功能，下面将对其使用进行介绍。

范 例
Example
24

使用好莱坞转场

🔊 案例描述	好莱坞转场是一个外挂插件，在使用前，首先要先将该插件安装到会声会影程序中，然后才能使用。
◎ 要点提示	添加并设置好莱坞转场参数
🖥 上 手 度	★★★★★
🗄 原始文件	好莱坞.vsp
🖨 结果文件	好莱坞转场效果.vsp

01 开启会声会影 X4，打开"好莱坞转场 .vsp"。然后切换到编辑步骤。

02 单击"画廊"右侧下三角形按钮，在弹出的下拉列表中选择 Hollywood FX 选项。

03 打开"Hollywood FX"转场样式后，选择"Gold"转场效果。

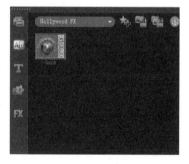

04 将转场效果拖至两个素材之间的灰色方块上，然后释放鼠标，就完成了好莱坞转场的添加。

05 添加转场效果后，单击选项面板中的"自定义"按钮。

自定义好莱坞转场效果

　　为项目文件添加了好莱坞转场后，单击选项面板中的"自定义"按钮，在打开的"Hollywood FX GOLD－Version4.5.8"对话框中选择转场效果。如果用户觉得已经达到预期效果，可以直接单击"确定"按钮完成转场效果的制作；如果用户不满意，则可以调整参数直至满意。

06 弹出 Hollywood FX GOLD－Version4.5.8 对话框，单击"FX 目录"的下三角形按钮，弹出下拉列表框，选择"婚庆特技 1"选项。

07 打开"婚庆特技 1"列表后，就可以选择转场的效果了，单击"中国结－像框 3"选项。

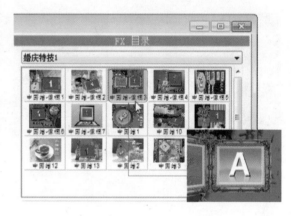

08 选择了好莱坞转场的效果后，单击对话框左侧"控制"列表框内"选项"选项组的"高级选项"选项。

09 在高级选项中，拖动"阴影"选项组内"不透明度"标尺上的滑块，将数值设置为 0，然后分别将距离、柔软度、数量设置为 0、10、50。

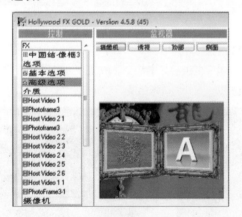

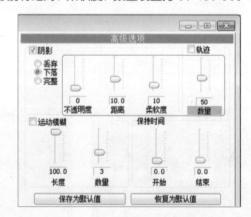

10 单击"控制"列表框内"摄像机"选项组内 Main Camera 选项。

11 在窗口右侧可以看到摄像机选项的内容。单击"摄像机和全局场景属性"选项组内"环境光"图标。

提示　在摄像机选项内移动灯光的位置

选择了摄像机相关内容后，窗口右侧显示出摄像机选项，通过"位置"选项组内"移动"数值框内数值的更改，就可以更改灯光的位置。

12 弹出"颜色"对话框，将颜色的 R、G、B 值分别设置为 255、255、162，然后单击"确定"按钮。

13 单击 Hollywood FX GOLD –Version4.5.8 对话框底部的"确定"按钮，即可完成本实例添加和设置好莱坞转场的操作。

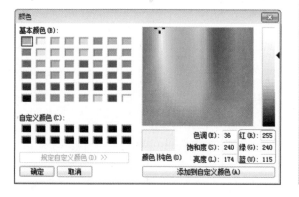

好莱坞其他经典转场效果展示如下。

相框

玫瑰

中国结

向日葵

古门

首饰

Q: 如何为两个相邻的素材添加两个转场效果?

A: 两个相邻的素材只能添加一个转场效果。如果用户需要添加两个转场效果,可以在两个素材之间再添加一个色彩文件,然后将色彩的区间调整到最短。这时,因为有3个素材,所以就可以添加两个转场效果了。添加了两个转场效果后,对项目文件进行播放,即可看到两个素材间有了两个转场效果。

Q: 设置了自动添加转场效果后,插入素材文件时,为何会弹出"插入效果素材的区间太长,它将被修整为恰当长度"的提示?

A: 出现该提示框的原因是用户在设置自动添加转场时,设置的转场时间超过了素材的播放时间。为杜绝此类现象的出现,可以将自动添加的转场效果的区间长度设置在2秒以内。

Q: 如何使用会声会影X4为每两个素材之间自动添加不同的转场效果?

A: 在"参数选择"对话框的"编辑"选项卡下设置自动转场效果时,将默认转场效果的类型设置为随机,即可为项目文件中每两个相邻的素材之间添加不同的转场效果。

Q: 有些情况下,为什么素材之间的转场效果没有显示动画效果?

A: 这是因为用户的计算机没有启动硬件加速功能。在桌面上单击鼠标右键,弹出快捷菜单选择"属性"命令,弹出"显示 属性"对话框。单击切换至"设置"选项卡,然后单击"高级"按钮,弹出相应对话框,单击切换至"疑难解答"选项卡,然后将"硬件加速"选项右侧的滑块拖曳至最右边即可。

Q: 可不可以为会声会影程序的"转场"添加素材?

A: 可以。例如"好莱坞"插件就是转场效果,需要将好莱坞插件添加到会声会影程序中时,操作如下。将"好莱坞"插件下载到电脑后,解压并运行.exe应用程序,程序将自动进行安装。安装完成后,将.Hfx4GLD.vfx文件复制到会声会影安装目录中的Vfx-plug目录下。打开会声会影编辑器,切换到"效果"编辑界面,就会发现转场效果多了Hollywood FX这个选项。

在使用会声会影 X4 时，插件的使用是必不可少的。在众多的插件中，好莱坞插件可以说是一款非常经典的插件，下面将针对在会声会影 X4 下挂接好莱坞插件的操作进行介绍。

步骤 1 打开好莱坞转场安装程序所在文件夹，找到"Hfx4GLD.vfx"文件，右击该文件，弹出快捷菜单，选择"复制"命令。

步骤 2 打开计算机中会声会影 X4 所安装的文件夹，双击鼠标打开 vfx_plug 文件夹。

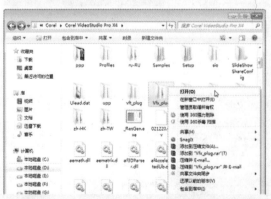

步骤 3 打开 vfx_plug 文件夹后，右击窗口中任意空白处，弹出快捷菜单，选择"粘贴"命令，将 Hfx4GLD.vfx 文件复制在该文件夹中。

步骤 4 返回好莱坞转场安装文件夹，双击安装程序图标，启动安装程序。

步骤 5 弹出好莱坞转场安装向导对话框，单击 Next 按钮。

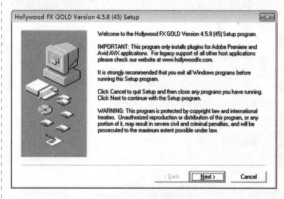

步骤 6 安装向导进入选择文件安装位置界面，单击路径文本框右侧的"Browse"按钮。

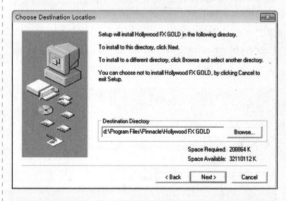

步骤 7 弹出 Choose Directory 对话框，在 Path 文本框内，更改文件的安装路径，然后单击 OK 按钮，返回安装向导。

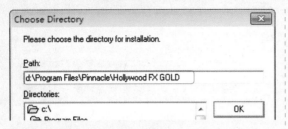

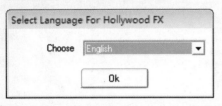

步骤8 安装向导弹出选择语言对话框，程序默认为 English，直接单击 OK 按钮。

步骤9 选择了程序的语言后，向导开始安装文件，弹出 Setup 对话框，显示出文件的安装进度以及安装位置等信息。

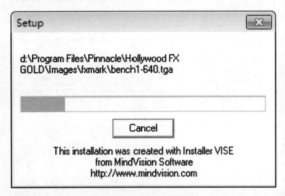

步骤10 程序安装完毕后，弹出 Hollywood FX GOLD Setup 对话框，单击 Cancel 按钮，弹出 Enter your Serial Number 对话框，在文本框中输入程序的序列号，然后单击 OK 按钮。

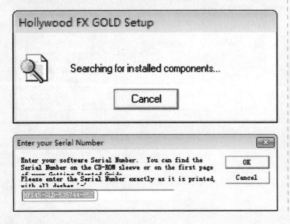

步骤11 安装向导进入Finshed界面，单击Close 按钮，就完成了好莱坞转场的安装操作。接下来就可以使用了，其使用方法与系统自带的转场效果一致。

步骤12 进入会声会影编辑界面，首先单击"转场"按钮 ，然后单击"画廊"右侧下三角按钮，在弹出的下拉列表中选择 Hollywood FX 选项。

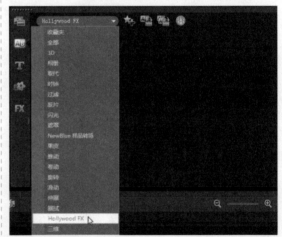

步骤13 打开 Hollywood FX 转场库后，可以选中库中的转场效果 Gold，向时间轴方向拖曳，进行添加转场操作。

覆叠效果应用

本章内容简介

覆叠功能是会声会影 X4提供的一种视频编辑方法，用户可以灵活地在覆叠轨上添加视频和图片等素材。通过在屏幕上拖放，可以调整覆叠素材的大小，增添影片的装饰效果。覆叠素材与视频轨上的素材合并起来，可以制作出画中画的效果。

通过本章学习，用户可了解

① 应用覆叠效果
② 编辑覆叠文件
③ 动画的应用
④ 画中画效果的制作

在会声会影 X4 的覆叠轨上不但可以插入图像素材，还可以插入视频素材。在覆叠轨上设置素材的表现方式来与视频轨上的素材相结合，就可以组合成各种各样的视觉效果。

7.1.1 在覆叠轨中添加素材

将素材（视频素材或者图像素材）添加到覆叠轨上的操作与将素材添加到其他轨上的操作类似。下面介绍将素材添加到覆叠轨上常见的 3 种方式。

（1）直接从素材库中拖动素材到覆叠轨

直接从素材库中拖动素材到覆叠轨，这是最常用也是最简单的一种向项目文件中添加素材的方式。具体的操作方法如下。

选中素材后，按住鼠标左键不放将素材拖动到覆叠轨上，当光标变成 形状时释放鼠标，即可将素材添加到覆叠轨，如右图所示。

（2）在素材库中使用快捷方式将素材添加到覆叠轨

在素材库中使用快捷方式添加素材，系统会自动地识别允许素材插入的轨，用户使用这种方式就不用再考虑选用的素材适合插入哪个轨了。具体的操作步骤如下。

01 进入编辑步骤，选中所要添加到覆叠轨的素材，然后右击鼠标，在弹出的快捷菜单中选择"插入到 > 覆叠轨"命令。

02 随后可以看到素材已经添加到覆叠轨上了。

（3）直接从 Windows 资源管理器中选取素材

直接从 Windows 资源管理器中选取素材并添加到覆叠轨的具体操作步骤如下。

01 单击"覆叠轨"按钮。

02 进入编辑步骤，然后执行"文件 > 将媒体文件插入到时间轴 > 插入视频"菜单命令。

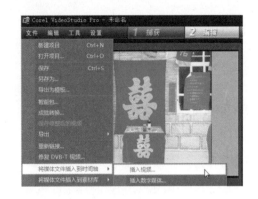

03 随即会弹出"打开视频文件"对话框，从中选中需要的素材，然后单击"打开"按钮。

04 可以看到选中的视频素材已经添加到覆叠轨中。

7.1.2 删除覆叠素材

在编辑覆叠素材的操作中，如果用户不再需要覆叠轨中的素材，可将其删除。

01 进入会声会影 X4，打开项目文件"删除覆叠素材 .vsp"。

02 在覆叠轨中右击需要删除的素材图像，在弹出的快捷菜单中选择"删除"命令。

03 执行操作后，即可删除覆叠图像，效果如下图所示。

提示 **删除覆叠素材的其他方法**

除了上述方法外，在覆叠轨中选择需要删除的素材，然后选择"编辑>删除"命令或按Delete键，也可以将选中的素材删除。

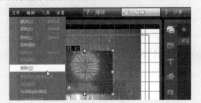

在编辑视频时，添加覆叠素材可以让视频作品更加生动、明了。添加覆叠素材后，还需要设置覆叠素材的相应属性，以达到好的效果。

7.2.1 调整覆叠素材的大小和形状

如果覆叠轨素材的大小不能满足视频编辑的要求，可根据需要调整其大小。具体操作步骤如下。

01 进入会声会影 X4，打开项目文件"大小和形状 .vsp"。

02 在预览窗口中，双击鼠标左键选择需要调整大小的覆叠素材。

03 在预览窗口中将鼠标移至右下角的绿色调节点上，按住鼠标左键并向右下角拖曳。

04 拖曳至合适位置后，释放鼠标左键，效果如下图。

05 将光标移至图像右上角的绿色调节点，按住鼠标左键向右拖曳至合适位置后释放鼠标。

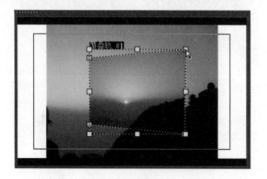

06 在预览窗口中可以看到调整大小和形状后的效果。

大小调整技巧

将鼠标放在黄色的角点上，拖动鼠标可以按比例调整素材大小；将鼠标放在其他黄色点上拖动，则可以不按比例调整素材大小。

7.2.2 调整覆叠素材的对齐方式及位置

01 进入会声会影 X4，打开项目文件"对齐方式 .vsp"。在预览窗口中，双击选择一个覆叠素材。

02 将鼠标放在覆叠素材上，当光标变成 形状时，按下鼠标左键并拖曳至合适位置，松开鼠标左键，完成覆叠素材的移动。

03 在预览窗口中双击，选择需要调整位置的覆叠素材，单击"选项"按钮，在"属性"选项卡中单击"对齐选项"按钮，选择"停靠在底部 > 居左"菜单命令。

04 单击导览区中的"播放"按钮，预览调整后的效果。直接在预览窗口中的覆叠素材上右击鼠标，通过弹出的右键菜单也能实现对齐效果。

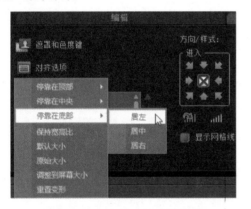

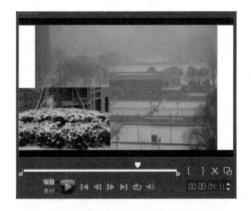

7.2.3 设置覆叠素材的遮罩帧

在会声会影 X4 中，用户还可以根据需要在覆叠轨中设置影片的遮罩效果，使制作的视频作品更具艺术性和观赏性。本节重点介绍遮罩效果的制作方法。

01 进入会声会影 X4，分别在视频轨和覆叠轨上插入两个素材。

02 在预览窗口中选择添加的覆叠素材，按住鼠标左键并拖曳，调整覆叠素材的位置。

03 选择覆叠轨中的素材,单击"选项"按钮,在
"属性"选项卡中设置进入和退出方向,然后
单击"遮罩和色度键"按钮。

04 在弹出的选项设置中,选中"应用覆叠选项"
复选框,设置其类型为遮罩帧,打开相应的
列表框,选择"影片"遮罩效果。

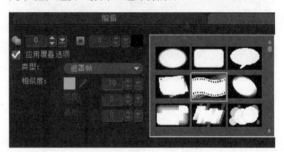

05 单击导览区中的"播放"按钮,预览遮罩效果。

提示

遮罩帧的导入方法

将覆叠类型设置为遮罩帧,然后单击遮罩列
表框右侧的"添加遮罩项"按钮 ✚,即可导入图
像作为遮罩。会声会影X4可以使用任何图像文件
作为遮罩。如果图像不是要求的8位位图,那么会
声会影X4会自动将其转换为8位位图。可以使用
Photoshop等程序创建图像遮罩,然后导入到会声
会影X4中。

7.2.4 设置覆叠素材的动画效果

在会声会影 X4 中,如果为覆叠素材添加了动画,影片效果就会更加生动、有趣。下面制作覆叠素
材从左边进入画面然后从右边退出画面的动画效果,具体操作步骤如下。

01 在会声会影 X4 中打开项目文件"动画效
果 .vsp"。选择覆叠轨中的素材,单击"选项"
按钮。

02 在"属性"选项卡中的"方向 / 样式"选项下
选择进入的方向为从左边进入,并分别单击
下方的"暂停区间前旋转"和"淡入动画效果"按钮。

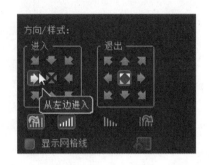

03 选择退出的方向，并分别单击下方的"暂停区间后旋转"和"淡出动画效果"按钮。

04 单击导览区中的"播放"按钮，可以看到覆叠素材淡入淡出的效果。

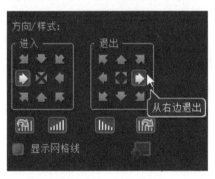

7.2.5 在覆叠素材上使用相同的属性

如果在制作的过程中出现了需要在多个覆叠素材上使用相同设置的情况，用户可以使用复制覆叠属性来减少重复设置的工作量，以提高工作效率。

01 进入会声会影X4，打开项目文件"相同属性.vsp"。

02 在覆叠轨中的第1个素材上右击鼠标，在弹出的快捷菜单中选择"复制属性"菜单命令。

03 在覆叠轨中的第2个素材上右击鼠标，在弹出的快捷菜单中选择"粘贴属性"菜单命令。

04 单击导览区中的"播放"按钮，可以看到覆叠轨中两个素材被应用了同样的效果。

25

为素材添加边框

🔊 **案例描述**	◎ **要点提示**	为素材添加边框
边框是为影片添加装饰的一种简单且实用的方式，它能够让视频作品变得生动直观。	🖼 **上 手 度**	★★★★★
	🖨 **原始文件**	添加边框.vsp
	🖨 **结果文件**	添加边框.vsp

01 打开项目文件"添加边框.vsp"。在覆叠轨中单击选择要添加边框的素材。

02 单击"选项"按钮，在"属性"选项卡中单击"遮罩和色度键"按钮。

03 在弹出的设置选项中，设置边框为4。

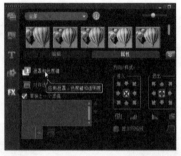

04 单击"边框色彩"色块，弹出颜色面板，选择合适的颜色。

05 本处将边框色彩更改为了绿色。用户可根据需要进行设置。

06 单击导览区中的"播放"按钮，即可预览为素材添加的边框效果。

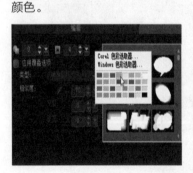

7.3 动画应用

在会声会影 X4 中，用户可以将 Flash 动画插入到 "覆叠轨" 上，产生叠加的动画效果，可以增强影片的整体的动态效果，使影片变得丰富、动感、真实。

范　例
E x a m p l e
26

◀)) **案例描述**	在会声会影X4中为静态图像添加动态的Flash效果，可以增加画面的动感，使整个视频作品变得更加生动活泼。
◎ **要点提示**	在覆叠轨上插入Flash文件
▣ **上 手 度**	★★★★☆
🖶 **原始文件**	牵牛花.jpg、蝴蝶飞飞.swf
🖶 **结果文件**	无

蝴蝶飞飞

---

01 进入会声会影 X4，在视频轨中添加 "牵牛花 .jpg"。

02 在覆叠轨上右击，选择 "插入视频" 命令。

03 在弹出的对话框中，打开 "蝴蝶飞飞.swf" 文件。

04 调整 "蝴蝶飞飞 .swf" 的播放时间与 "牵牛花 .jpg" 的播放时间相同。

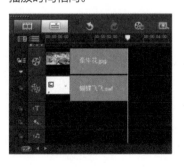

05 随后，调整 "蝴蝶飞飞" 素材在画面中的大小和位置。

06 单击导览区中的 "播放" 按钮，即可预览两只蝴蝶在花丛中飞的效果。

7.4 添加装饰

PNG 格式的图片自带 Alpha 通道，提供了图片透明功能。将带有 Alpha 通道的图片素材，添加至覆叠轨，背景将自动变为透明。

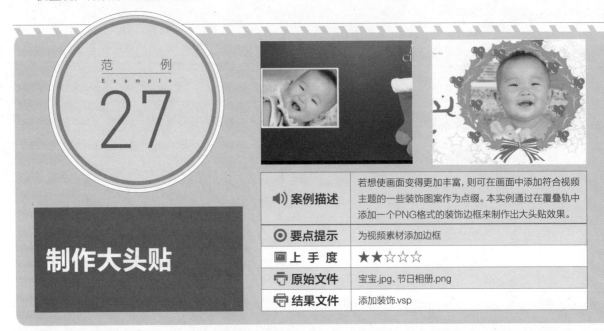

范例 Example **27**

制作大头贴

🔊 **案例描述**	若想使画面变得更加丰富，则可在画面中添加符合视频主题的一些装饰图案作为点缀。本实例通过在覆叠轨中添加一个PNG格式的装饰边框来制作出大头贴效果。
◎ **要点提示**	为视频素材添加边框
🖼 **上 手 度**	★★☆☆☆
📁 **原始文件**	宝宝.jpg、节日相册.png
📑 **结果文件**	添加装饰.vsp

01 在视频轨中插入一幅图像素材"宝宝 .jpg"，调整其位置如下图所示。

02 右击"覆叠轨"按钮，在快捷菜单中选择"插入照片"命令，打开对话框，选择"节日相册 .png"文件。

03 在预览窗口中的覆叠素材上右击，在弹出的快捷菜单中选择"调整到屏幕大小"命令。

04 单击导览区中的"播放"按钮，预览大头贴效果。

 更多大头贴效果

使用不同的PNG格式的装饰边框，可以制作出丰富多彩、卡通时尚的大头贴效果。

7.5 去除背景颜色

色度键主要是针对单色（绿、蓝等）背景进行抠象操作的。将需要抠象的视频放到覆叠轨上，用色度键功能，可以将单色背景抠掉。用它，可以制作 MTV。演唱者只要站在蓝色背景前演唱，将声画录制下来后在会声会影 X4 中与各种风格的 DVD 合成即可。

◀)) 案例描述	使用会声会影X4可以消除覆叠画面的背景颜色，从而能快速地合成各种影片素材。此功能主要是针对绿色或者蓝色背景的覆叠素材。
◎ 要点提示	色度键的使用
▦ 上 手 度	★★★★★
⎙ 原始文件	背景.jpg、合成.mpg
⎙ 结果文件	合成影片.vsp

合成影片

01　在视频轨和覆叠轨中分别添加 "背景.jpg" 和 "合成.mpg" 文件。

02　在预览窗口中的覆叠素材上右击，在弹出的快捷菜单中选择"调整到屏幕大小"命令。

03　调整视频轨上的"背景.jpg"与覆叠轨上的"合成.mpg"的持续时间相同。

04　选择覆叠素材，单击 "选项" 按钮，在"属性"选项卡中单击"遮罩和色度键"按钮。

05　在弹出的设置选项中，勾选"应用覆叠选项"复选框，设置其类型为色度键。

06　此时覆叠素材的背景已被清除，单击导览区中的"播放"按钮，预览合成的影片效果。

7.6 画中画效果的制作

在一些电视台的现场直播类节目中，经常会在电视画面中开辟一个小窗口，播放一些现场采访摄像的电视画面，形式新颖，极具吸引力。这种效果是利用会声会影 X4 的覆叠效果制作的。

范 例
Example
29

制作画中画效果

🔊 案例描述	画中画效果是影片中最常用的特效之一，它可以使影片在同一时间内向观众传送更多的视觉信息。无论是静态的图像还是动态的视频，都可以实现画中画的效果。
◎ 要点提示	设置覆叠轨上素材的进入和退出效果
🖼 上手度	★★☆☆☆
🖨 原始文件	画中画（1）.wmv、画中画（2）.wmv
🖨 结果文件	画中画效果.VSP

01 在视频轨中插入一段视频素材"画中画（1）.wmv"，作为画中画效果的背景。

02 在覆叠轨中插入视频素材"画中画（2）.wmv"，作为画中画。在预览窗口中拖动素材周围的黄色方块调整其大小和形状。最后将光标放在素材内部，当光标变成✥形状时拖动素材至合适的位置。

03 选择覆叠素材，在"属性"选项卡中单击"遮罩和色度键"按钮，设置边框数为3。

04 返回"属性"选项卡，依次单击"从左边进入"、"从右边退出"、"淡入动画效果"和"淡出动画效果"按钮。单击导览区中的"播放"按钮，预览画中画效果。

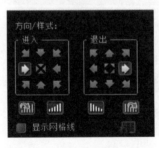 

Q: 将色彩文件插入覆叠轨后，可以对该文件设置"色度键"效果吗？

A: 不可以。因为色彩文件中只包含一种色彩，所以无法应用色度键的设置。

Q: 覆叠轨中的文件可以应用滤镜效果吗？

A: 覆叠轨中的文件可以应用滤镜效果，其添加方法与视频轨文件添加滤镜效果的方法一样，但是由于覆叠轨的文件一般比较小，所以有些滤镜效果不太明显。

Q: 如何将覆叠轨上文件画面的默认大小设置为"调整到屏幕大小"？

A: 在会声会影X4中按F6键，打开"参数选择"对话框，切换到"编辑"选项卡，勾选"用调到屏幕大小作为覆叠轨上的默认大小"复选框，然后单击"确定"按钮即可。

Q: 调整覆叠轨上视频素材的大小时，如何精确地调整大小和位置？

A: 在调整覆叠轨上视频素材的大小时，可以借助网格线。插入文件后，切换到"属性"选项卡，勾选"显示网格线"复选框，在预览窗口中显示出网格线。单击复选框右侧"网格线选项"按钮，弹出"网格线选项"对话框，在其中可以设置网格线的颜色和密度等。设置完毕，就可以用来精确地调整覆叠素材的大小和位置。

Q: 设置了色度键的颜色后，为什么图片没有反应？

A: 在使用色度键选取色彩前，首先要调整色彩相似度数值，"色彩相似度数值"数值框位于相似度区域右侧，色彩相似度数值可以设置在50~70之间。

Q: 在覆叠轨中如何应用转场效果？

A: 在"时间轴"的"覆叠轨"中插入两个视频素材或图像，并确保将它们并排放置。然后切换至"效果"选项卡，将任意转场效果拖到"覆叠轨"上的视频素材之间即可，如下左图所示。如果"覆叠轨"上的两个素材之间有重叠部分，那么会声会影 X4将自动在素材之间放置一个转场效果。可以切换到"参数选择"，修改"编辑"选项卡下"转场效果"中的设置，以更改自动应用于项目的转场效果，如下右图所示。

在使用覆叠轨时，经常让覆叠轨上的主体画面溶入到背景画面，而将覆叠轨上不需要的部分删除掉，这就要用到抠像技术。而会声会影在抠像方面则比较弱，建议在拍摄动态视频时，主体以外的背景应选择纯色且与主体有明显的反差，一般可选择蓝色和绿色。而对于静态图像，最好借助 Photoshop 的帮助。下面介绍利用 Photoshop 制作一个显示器边框素材的具体操作。

步骤 1 启动 Photoshop 程序，打开素材。然后用魔术棒工具在中间的绿区域单击。

步骤 2 显示"通道"面板，新建一个 alpha 通道。

步骤 3 单击"选择"菜单，选择"反选"命令，反选选区。

步骤 4 使用油漆桶工具将选区填充为白色。

步骤 5 单击"图层"面板，返回原图像中。

步骤 6 将图像保存为 TIFF 格式的文件，然后打开会声会影，导入至覆叠轨上即可。

标题效果的应用

本章内容简介

标题是指影片的字幕，字幕是视频作品不可缺少的重要组成部分，在影片的后期处理中常常需要在画面中加入一些文字和字幕效果。为影片添加字幕效果有助于观众对影片的理解，使影片更具感染力。

通过本章学习，用户可了解

① 添加影片标题
② 字幕文件的编辑与使用
③ 为标题应用动画效果
④ 使用Sayatoo插件

8.1 添加影片标题

本节介绍影片片头、片尾和字幕的创建，以及编辑的常用方法。通过学习，用户可以利用会声会影为视频作品添加字幕。

8.1.1 添加单个标题

单个标题，即无论标题文字有多长，它都是一个标题。不能对单个标题应用背景效果。单个标题不能移动，输入标题时，当输入的文字超出窗口范围时，将不被显示。添加单个标题的具体操作如下。

01 打开会声会影 X4，在视频轨中添加一幅图像素材"可爱宝宝 .jpg"。

02 在标题轨中单击"标题"按钮，切换至"标题"选项卡，此时可在预览窗口中看到"双击这里可以添加标题"字样。

03 在预览窗口中双击显示的字样，在"编辑"选项卡中单击"单个标题"单选按钮。

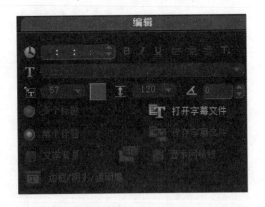

04 在预览窗口中双击显示的字幕，将出现一文本输入框，其中有不停闪烁的插入点。输入相应的文本内容即可成功创建单个标题。

8.1.2 添加多个标题

在会声会影 X4 中，单个标题和多个标题是指标题类型，而不是指标题的个数。单个标题将整个预览窗口设置为一个标题输入区；多个标题将预览窗口设置为多个标题输入区。多个标题允许文字放在任何位置，并且可以排列文字的叠放秩序。下面将对多个标题的设置进行介绍。

01 在视频轨中插入一幅素材图像"百日留念.jpg"。

02 单击"标题"按钮 T ，进入"标题"选项卡，此时可在预览窗口中看到"双击这里可以添加标题"字样。

03 首先在预览窗口中双击显示的字样，然后在"编辑"选项卡中单击"多个标题"单选按钮。

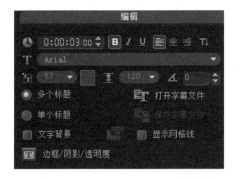

04 然后在预览窗口需要输入文字的位置双击鼠标左键，出现不停闪烁的插入点，输入"活泼可爱"字样。

05 在预览窗口中其他需要添加标题的位置处双击鼠标左键，然后输入"百日留念"字样。

06 单击导览区中的"播放"按钮，预览标题效果。

8.1.3 使用预设标题

在会声会影 X4 素材库中，提供了丰富的预设标题，用户可以直接将它们添加到标题轨上，再根据需要修改标题的内容。

为影片设置落款

◉ 要点提示	添加预设标题
▣ 上 手 度	★★★★★
🖶 原始文件	龟山寺.wmv
🖶 结果文件	无

🔊 案例描述

本实例为一段旅游视频添加一个预设标题作为落款，使影片的主题更为鲜明。

---

01 进入会声会影 X4，在视频轨中插入一段视频素材"龟山寺.wmv"。

02 单击"标题"按钮，切换至"标题"选项卡，此时在素材库中将显示系统预设的标题。

03 选择需要的标题样式，然后将其拖至标题轨上。随后在标题轨上双击鼠标左键，在预览窗口中显示添加的标题样式。

04 在文本框中选择需要删除的标题文本，按 Delete 键将其删除。

05 根据需要输入标题文字，如"龟山寺"字样。

06 单击导览区中的"播放"按钮，可在预览窗口预览标题模板字幕效果。

8.2 设置标题效果

前面已经介绍了添加标题的具体方法，但如果没有色彩和特效，影片就没有视觉冲击力和感染力。本节介绍如何设置标题的效果。

8.2.1 设置标题格式

在添加标题文字后，设置合适的字体、大小、行间距、倾斜角度、显示方向和背景颜色等，可以使标题与画面更加协调。

01 进入会声会影 X4，打开项目文件"西塘美景.vsp"。

02 在标题轨中双击，选择需要调整字体的标题字幕。

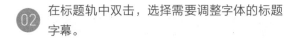

03 在"编辑"选项卡中单击"字体"下拉按钮，在弹出的下拉列表中选择"华文行楷"选项。

04 在"编辑"选项卡中单击 "字体大小"下拉按钮，在弹出的下拉列表框中选择60。

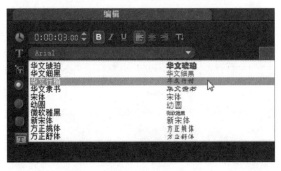

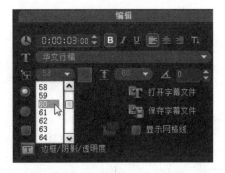

05 在"编辑"选项卡中单击"行间距"下拉按钮，在弹出的下拉列表框中选择 120。

06 在"编辑"选项卡中单击"按角度旋转"数值框，输入15。

151

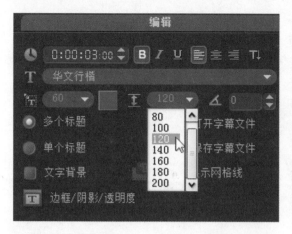

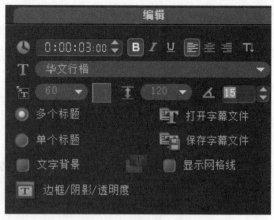

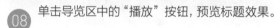

07 在"编辑"选项卡中单击"将方向更改为垂直"按钮。

08 单击导览区中的"播放"按钮,预览标题效果。

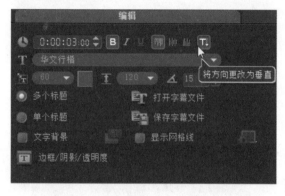

8.2.2 设置标题色彩

在会声会影 X4 中,用户可以根据画面的配色情况,自定义标题文字的颜色。

01 进入会声会影X4,打开项目文件"花开富贵.vsp"。

02 在预览窗口中选择需要调整字体的标题。

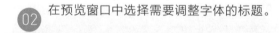

03 在"编辑"选项卡中单击颜色色块，弹出颜色列表，选择红色。

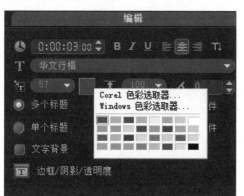

04 完成操作后，标题颜色如下。

8.2.3 设置标题边框

选中需要添加边框的文字后，单击"编辑"选项卡中的■按钮，在弹出的"边框 / 阴影 / 透明度"对话框中可以为标题添加边框，改变标题透明度以及设置阴影效果。具体操作如下。

01 打开"洛阳牡丹 .vsp"，在标题轨上选中需要调整的标题文件，在预览窗口中双击鼠标使标题处于编辑状态。

02 在"编辑"选项卡中单击■按钮，弹出"边框 / 阴影 / 透明度"对话框，从中进行相应的设置。

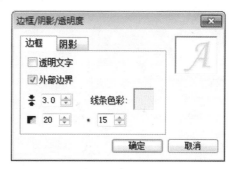

03 设置完成后单击"确定"按钮，即可为标题添加边框。

 各选项含义介绍

透明文字：选中该复选框可以使文字内部的颜色透空，只显示文字的轮廓。

外部边界：选中该复选框可制作外部边界。

边框宽度：通过该选项可以设置每个字符周围的边框宽度。

线条色彩：单击此颜色块，在弹出的颜色列表中可以为边框指定颜色。

文字透明度：利用此选项可以调整标题的透明度。

柔化边缘：利用此项可以调整标题边缘的羽化强度。

8.2.4 设置标题阴影

为字幕添加阴影可以更好地突出标题文字。设置标题阴影的具体操作步骤如下。

01 打开"国色天香.vsp"，在标题轨上选中需要调整的标题，然后在预览窗口中双击鼠标使标题处于编辑状态。

02 单击"编辑"选项卡中的■按钮，在弹出的"边框/阴影/透明度"对话框中切换到"阴影"选项卡，然后从中进行相应的设置。

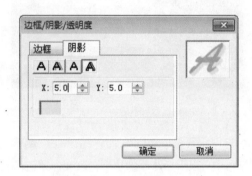

03 设置完成后单击"确定"按钮，在预览窗口中可以看到添加标题阴影后的效果。

提示

各选项含义介绍

"无阴影"按钮 ▲ : 单击该按钮取消标题的阴影效果。

"下垂阴影"按钮 ▲ : 根据定义的X和Y坐标将阴影应用到标题上。X和Y用于调整阴影的位置；■和 ● 则分别用于调整阴影的透明度和柔化程度。通过调整参数可以得到不同类型的下垂阴影效果。

"光晕阴影"按钮 ▲ : 单击此按钮可以在文字的周围加入扩散的光晕。用户可以调整光晕的色彩、强度、透明度以及边缘柔化程度，从而得到不同的光晕阴影效果。

"突起阴影"按钮 ▲ : 单击此按钮可以为文字添加厚度，使文本看起来更具有立体感。较大的X和Y偏移量能获得更突出的效果。

8.2.5 调整标题播放时间

将标题添加到标题轨以后，还需要调整其播放时间与视频轨上素材相对应。调整标题的播放时间和调整视频素材的播放时间一样，可以通过以下两种方法实现。

1. 使用"区间"数值框

选中在标题轨上需要调整的标题，然后在"编辑"选项卡的"区间"数值框中输入数值进行时间的调整。具体操作如下。

01 打开"品味生活.vsp"，在标题轨上选中需要调整播放时间的标题。

02 在 "编辑"选项卡的"区间"数值框中输入00:00:06:00，然后按Enter键即可。这时，可以看到标题轨上的标题长度已经改变。

2. 拖动标题两端的黄色条

　　选中标题轨上需要调整的标题，将鼠标移至当前选中的标题的一端，当光标变成◄►或者◄►时，按下鼠标并拖动即可改变标题的持续时间。同时，选项卡中的"区间"数值会自动产生相应的变化。具体步骤如下。

01 打开"小荷尖尖.vsp"，在标题轨上选中需要调整播放时间的标题。

02 将鼠标放在当前选中标题的一端，当光标变成◄►时，拖动边缘黄色条。

03 拖动到适当的位置，然后释放鼠标，这时在"编辑"选项卡中的"区间"数值框中的时间码会随之发生变化，如右图所示。

8.2.6 调整标题播放位置

　　标题添加到标题轨上以后，用户不仅可以根据需要调整标题的播放时间，而且可以调整标题的播放位置。调整标题播放位置的具体步骤如下。

01 打开"樱桃.vsp",在标题轨上选中需要调整播放位置的标题。

02 将鼠标放在当前选中的标题上,光标会变成❋形状。

03 按住并拖动鼠标,将标题拖放到需要的位置上。

04 然后释放鼠标即可调整标题的播放位置。

提示 灵活调整标题的播放位置的方法

将鼠标放在当前选中标题的最左端,当光标变成➡时,向左或向右拖动边缘黄色条,确定标题开始的位置;将鼠标放在当前选中标题的最右端,当光标变成➡时,向左或向右拖动边缘黄色条,确定标题结束的位置。这种方法既可以控制标题播放的区间时间又可以控制标题播放的位置。

8.3 为标题应用动画效果

在会声会影中创建了标题以后,除了可以为标题添加边框和阴影效果以外,还可以为标题应用动画效果。本节介绍怎样为标题应用动画效果。

8.3.1 应用预设的动画标题

预设的动画标题是会声会影 X4 软件附带的一些动画模版,使用它们可以快速地创建动画标题。具体的操作步骤如下。

01 打开"露珠.vsp"，选中标题。

02 切换到"属性"选项卡，单击"动画"单选按钮并勾选"应用"复选框。

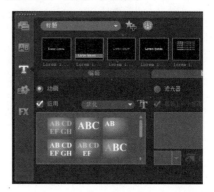

03 单击"选取动画类型"下拉按钮，在弹出的下拉列表框中选择需要的动画类型。这里选择"缩放"选项。

04 在"缩放"列表框中选择预设的标题动画，例如选择第1个标题动画。

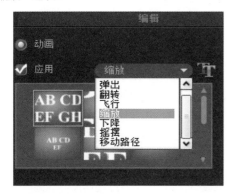

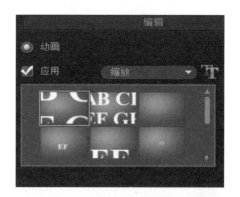

05 单击导览区的■按钮预览应用预设动画后的标题效果。

8.3.2 应用淡化效果

在会声会影 X4 中，"淡化"动画样式是指标题文本的淡入淡出效果。设置字幕的淡入淡出效果的具体步骤如下。

01 在会声会影 X4中打开"生日快乐.vsp"文件，然后选中标题。

02 切换到"属性"选项卡，然后单击"动画"单选按钮并勾选"应用"复选框。

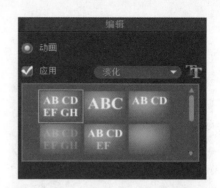

03 单击"选取动画类型"下拉按钮▼，在弹出的下拉列表框中选择"淡化"选项，然后在预设列表框中选择第 2 个选项。

04 单击"自定义动画属性"按钮▼，在弹出的"淡化动画"对话框中设置文字的运动方式。在"单位"下拉列表中选择"文本"选项，在"暂停"下拉列表中选择"中等"选项，在"淡化样式"选项组中选中"交叉淡化"单选按钮。设置完成后单击"确定"按钮。

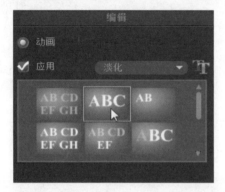

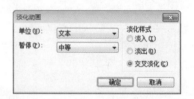

05 选中标题轨上的标题，在其"区间"数值框中输入"00:00:08:00"，并移动位置，使标题文件和视频文件的播放时间相同。

06 单击导览区的▶按钮预览应用淡化动画后的标题效果。

8.3.3 设置弹出字幕效果

一般的影片都是在结束时将演职人员的名字依次展示出来。在会声会影 X4 中，使用弹出字幕功能可以很方便地制作出这种效果。设置弹出字幕效果的具体步骤如下。

01 在会声会影 X4 素材库中选择图像素材"I01"并拖放到视频轨。

02 调整图像素材的播放时间。在"照片"选项卡中的"照片区间"数值框中输入00:00:15:00。

03 在"重新采样选项"选项组中设置"图像重新采样选项"单选项为调到项目大小。

04 单击素材库中的"标题"按钮进入"标题"素材库,在预览窗口中双击鼠标进入标题的编辑状态,然后选中"多个标题"单选按钮。

05 在插入点处输入"导演:王国胜",然后按下Enter键,在另一行输入"摄影:任成鑫"。再按下Enter键输入其他文字。

06 双击标题栏中的文字,选中该标题,在"编辑"选项卡中的"对齐"选项中,单击"居中"按钮。

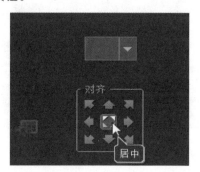

07 单击"粗体"按钮B和"斜体"按钮I,在"字体"下拉列表框中选择"华文行楷"选项,在"字体大小"下拉列表框中选择60,在"行间距"下拉列表框中选择180。

08 单击圖按钮弹出"边框/阴影/透明度"对话框,在此对话框中切换到"阴影"选项卡,单击"下垂阴影"按钮A,然后单击"确定"按钮即可。

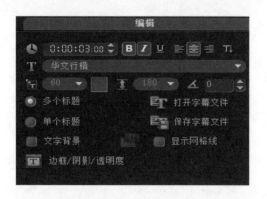

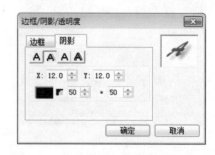

09 切换到"属性"选项卡，然后选中"动画"单选按钮并勾选"应用"复选框。单击"选取动画类型"下拉按钮▼，在弹出的下拉列表框中选择"弹出"选项，在预设列表框中选择第1个选项。

10 单击"自定义动画属性"▼按钮，弹出"弹出动画"对话框，在"单位"下拉列表中选择"文本"选项，在"暂停"下拉列表中选择"短"选项，设置完成后单击"确定"按钮即可。

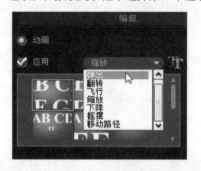

11 调整文字的持续时间。拖动标题轨上标题的长度与视频轨上图像素材的长度相同。

12 选中标题轨上的标题，单击导览区的▶按钮预览弹出字幕效果。

8.3.4 设置字幕的翻转效果

在会声会影 X4 中，"翻转"动画可以使文字产生翻转回旋的动画效果。设置字幕的翻转效果的具体步骤如下。

01 在色彩素材中选择黑色作为字幕背景，将其拖放到视频轨中，并在"色彩"选项卡中的"色彩区间"数值框中输入 00:00:10:00。

02 单击素材库中的"标题"按钮进入"标题"素材库，在预览窗口中双击鼠标进入标题的编辑状态，然后选中"多个标题"单选按钮。

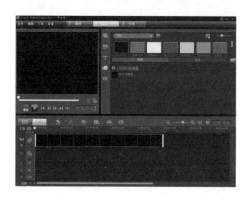

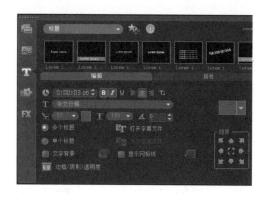

03 在插入点处输入"路虽远"，然后按下Enter键，在另一行输入"行则将至"。用同样的方法再输入"事虽难"和"做才能成"，并设置文字居中。

04 在"标题样式预设值"下拉列表框中选择标题样式应用到标题中。

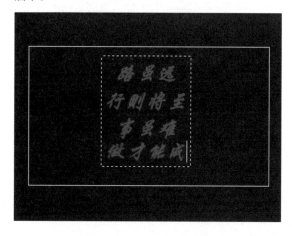

05 在"编辑"选项卡中选中"文字背景"复选框，这时在预览窗口的字幕中会出现色彩背景。

06 单击█按钮弹出"文字背景"对话框。

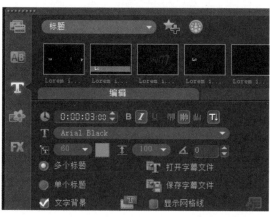

07 选中"渐变"单选按钮，设置为从红色渐变到白色。同时按下➡按钮，设置渐变从左至右，然后在"透明度"数值框中输入30。设置完成后单击"确定"按钮即可。

08 切换到"属性"选项卡，选中"动画"单选按钮并勾选"应用"复选框，设置"选取动画类型"选项为"翻转"，在预设列表框中选择第1个选项。

09 单击 T 按钮弹出"翻转动画"对话框。在"进入"下拉列表中选择"左"选项，在"离开"下拉列表中选择"右"选项，在"暂停"下拉列表中选择"中等"选项。设置完成后单击"确定"按钮即可。

10 利用光标拖动字幕的长度，使之与字幕背景的长度相同。

11 选中标题轨上的标题，单击导览区的 ▶ 按钮预览翻转字幕的效果。

📌 **提示**　翻转动画对话框中各选项的含义

"进入"选项用于指定标题动画的起始位置和方向；"离开"选项用于指定标题动画的终止位置和方向。"暂停"选项用于设置动画起始和终止的时间间隔。

8.3.5 设置字幕的下降效果

在会声会影 X4 中，"下降"动画可以使文字在运动过程中产生由大到小逐渐变化的效果。下面对其具体操作进行详细介绍。

01 在会声会影 X4 中打开"朝阳 .vsp"，然后选中标题并打开其对应的属性面板。

02 选中"动画"单选按钮并勾选"应用"复选框，选择动画类型为下降，在预设列表框中选择第1个选项。

03 单击■按钮弹出"下降动画"对话框，选中"加速"复选框，并在"单位"下拉列表中选择"文本"选项，最后单击"确定"按钮。

04 设置标题的播放时间为 10 秒。

05 单击导览区的■按钮预览添加下降字幕后的视频效果。

提示 下降动画对话框选项含义

在"下降动画"对话框中，选中"加速"复选框可以在当前单位离开屏幕之前启动下一个单位的动画。

"单位"选项用于决定标题在场景中出现的方式，如字符、文字、单词、行等方式。

8.3.6 设置字幕的摇摆效果

在会声会影 X4 中，"摇摆"动画可以使文字产生左右摇摆运动的动画效果。下面对其具体操作进行介绍。

01 在会声会影 X4 中打开"咏荷 .vsp"。然后选中标题，并打开其对应的属性面板。

02 选中"动画"单选按钮并勾选"应用"复选框，选择动画类型为摇摆，在预设列表框中选择第 1 个选项。

03 单击■按钮弹出"摇摆动画"对话框。在"暂停"下拉列表中选择"中等"选项；在"摇摆角度"下拉列表中选择2；在"进入"下拉列表中选择下，同时选中"顺时针"复选框；在"离开"下拉列表中选择上，同时选中"顺时针"复选框。

04 设置完成后单击"确定"按钮即可。单击导览区的■按钮预览为标题添加摇摆动画后的效果。

8.3.7 设置字幕的移动路径效果

在会声会影X4中，使用"移动路径"动画可以使文字产生沿指定路径运动的效果。下面对其具体操作进行介绍。

01 在会声会影X4中打开"喜结良缘.vsp"，然后选中标题并打开其对应的"属性"选项卡。

02 选中"动画"单选按钮并勾选"应用"复选框，选择动画类型为移动路径，在预设列表框中选择第2个选项。

03 单击导览区的■按钮预览为标题添加移动路径动画后的效果。

8.4 字幕文件的编辑与使用

UIF是一种二进制的字幕文本格式，全世界通用，此格式在任何计算机上都不会产生乱码。会声会影X4可以使用这种格式的字幕文件。

01 在会声会影X4中打开"老鼠爱大米.vsp"，在素材库中单击"标题"按钮，进入"标题"选项卡。

02 单击"选项"按钮，在弹出的"编辑"选项卡中单击"打开字幕文件"按钮，打开"打开"对话框。

03 在"打开"对话框中，选择"老鼠爱大米.utf"字幕文件，并设置"语言"、"字体"、"字体大小"、"行间距"等选项。

04 单击"打开"按钮，在弹出的"Corel Video Studio Pro"提示框中单击"确定"按钮。

提示

字幕文件

添加至标题轨的字幕文件，会按显示顺序的不同自动分为多个标题文件，可以分别对各个标题文件进行单独编辑。

05 在标题轨中，可以看到"字幕文件"已经被成功添加到标题轨。

06 单击导览区的▶按钮预览添加"字幕文件"后的效果。

8.5 使用Sayatoo插件制作卡拉OK字幕

在视频制作中，添加字幕一直是很繁琐的问题。因为会声会影 X4 没有提供很好的字幕制作功能，添加字幕非常麻烦。Sayatoo 则是一款制作视频字幕的专业软件，它采用高效智能的字幕制作方法，可以快速而精确的制作出专业效果的视频字幕来，并且提供插件支持，可以将制作好的字幕直接导入到会声会影 X4 中使用。

范　例
Example

31

制作卡拉OK
字幕

◀)) 案例描述	在KTV唱歌时，总是看到影片屏幕下方根据歌曲的进度更改相应歌词的颜色，这就是卡拉OK字幕效果。在制作该字幕效果时，可借助插件，通过会声会影最终将它们合成。
◎ 要点提示	使用Sayatoo插件制作字幕
▣ 上 手 度	★★☆☆☆
🖨 原始文件	映山红.vsp、映山红.mp3、映山红歌词.txt
🖨 结果文件	映山红.kaj、映山红.avi、映山红.vsp

01 安装 Sayatoo 软件后，双击桌面上该程序的图标启动 Sayatoo 软件。

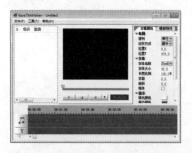

02 弹出 KaraTitleMaker–Untitled 窗口，选择"文件 > 导入音乐"命令。

03 弹出"导入音乐"对话框，从中选中要使用的音乐文件，然后单击"打开"按钮。

04 添加了音乐文件后，返回程序窗口，单击时间轴右侧的"歌词"按钮。

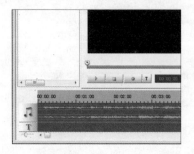

05 弹出"导入歌词"对话框，进入目标文件所在路径，选中要使用的文本文件，然后单击"打开"按钮。

06 返回程序窗口，单击"歌词"列表框内第一句歌词，在预览窗口中即可看到歌词的位置等信息。

07 选择了歌词文本后，单击窗口右侧"字幕属性"选项卡下"对齐方式"下拉按钮，弹出下拉列表，选择"左对齐"选项。

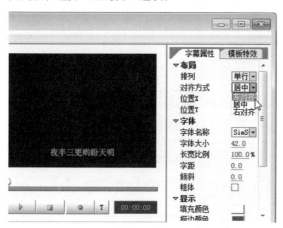

08 将鼠标指向"位置 X"数值，当指针变成形状时，向右拖动鼠标，将数值更改为 80，然后释放鼠标。

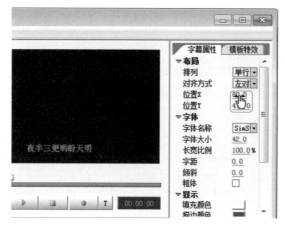

09 单击"字体名称"下拉按钮，弹出下拉列表，选择"黑体"选项。

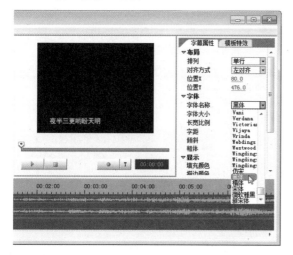

10 单击"填充颜色"图标，弹出"颜色"对话框，将颜色的 R、G、B 值依次设置为255、0、0，然后单击"确定"按钮。

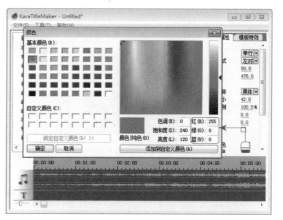

11 将鼠标指向"描边宽度"数值，当指针变成形状时，向左拖动鼠标，将数值更改为0，如下图所示，然后释放鼠标。

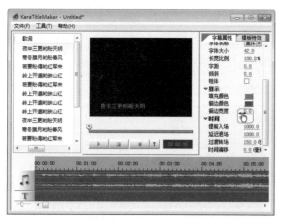

12 设置好字幕文件的属性后，单击预览窗口下方的"录制歌词"按钮，如下图所示。

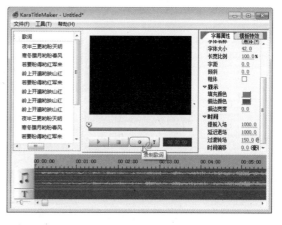

13 弹出"歌词录制设置"对话框，程序默认将"播放速度"设置为1.0，将"录制设置"设置为"逐字录制"，不做更改，直接单击"开始录制"按钮，程序即开始进入录制状态。

14 程序进入字幕的录制状态，从音箱或耳机中听到歌曲开始唱第一个字后，单击预览窗口下方的"T"按钮，让声音和字幕中的文字相对应。用同样的方法，让歌曲中各个字的读音与字幕中的文本相对应，直至歌词末尾。

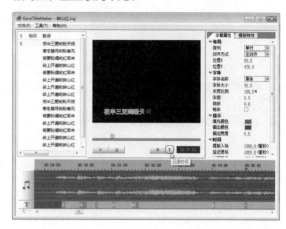

15 将歌词中的所有文本录制完毕后，程序自动终止录制操作，选择"文件 > 保存项目"命令。

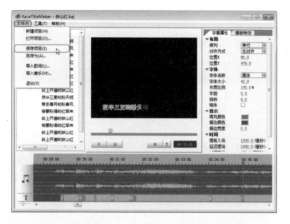

16 弹出"另存为"对话框，设置字幕文件的保存路径，在"文件名"文本框内输入文件名称，然后单击"保存"按钮。

17 字幕文件保存后，返回"KaraTitleMaker-Untitled"窗口，选择"工具>生成虚拟字幕AVI视频"命令。

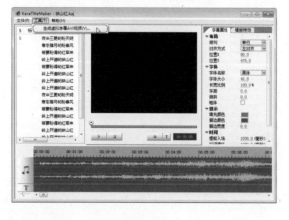

18 弹出"生成虚拟字幕Avi视频"对话框，单击"输入字幕项目kaj文件"选项右侧"浏览"按钮。

19 弹出"打开"对话框，选中字幕项目文件，然后单击"打开"按钮，打开该文件。

20 返回"生成虚拟字幕Avi视频"对话框，在"输出虚拟字幕Avi视频"文本框中默认选择了与字幕文件同一路径。单击"开始生成"按钮，文件生成完毕后，弹出"vavigen"提示框，单击"确定"按钮。

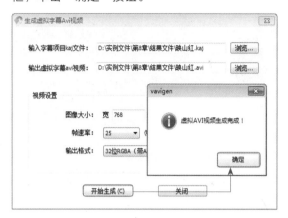

21 启动会声会影 X4，打开实例文件"映山红.vsp"。

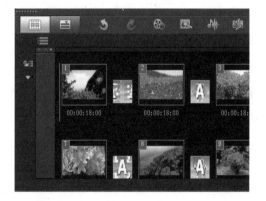

22 切换成"时间轴视图"模式，单击"覆叠轨"按钮。

23 选择"文件>将媒体文件插入到时间轴>插入视频"菜单命令。

24 弹出"打开视频文件"对话框，选择要添加的文件，然后单击"打开"按钮。

8.5
使用Sayatoo插件制作卡拉OK字幕

25 返回项目文件中，在预览窗口中，将覆叠文件的大小调整到屏幕大小。

26 在声音轨上右击鼠标，在弹出的快捷菜单中选择"插入音频>到音乐轨#1"命令。

27 在弹出的"打开音频文件"对话框中，选择"映山红.mp3"，单击"打开"按钮。

28 音频文件被成功添加至"音乐轨#1"。

29 单击预览窗口下方的"播放"按钮，预览使用Sayatoo插件制作的卡拉OK字幕效果。

30 单击分享按钮进行分享步骤，在"分享"选项卡中可以将此影片导出为视频文件。

Q: 在会声会影X4中，创建标题字幕时，为什么选择的红色出现偏色？

A: 这是由于程序设置了"应用彩色滤镜"功能，为避免此类现象出现，可以按F6键，在弹出的"参数选择"对话框中切换到"编辑"选项卡，取消勾选"应用彩色滤镜"复选框，然后单击"确定"按钮即可。

Q: 如何为标题制作可以移动的背景条？

A: 为影片标题添加的文字背景是不能移动的，当用户需要为标题制作可以移动的标题背景时，可以通过在覆叠轨中插入色彩文件的方法完成。插入色彩文件后，可以对它的形状、位置、遮罩帧以及动画效果进行设置。

Q: 如何将用户自己制作的标题保存到"标题"素材库中？

A: 为影片插入并编辑好标题内容后，右击时间轴中的标题文件，弹出快捷菜单，执行"添加到收藏夹"命令即可。

Q: 为标题应用移动路径动画效果后，如何增加暂停区间？

A: 为标题应用移动路径动画效果后，可以通过拖动导览区上的暂停区间左右两侧的滑块，来完成延长标题暂停区间的操作。其他的标题动画也可以通过相同的方法完成延长暂停区间的操作。

Q: 在会声会影 X4中添加标题，复制了大段文字，在粘贴时是否可以自动换行？原来格式是否会被粘贴过来？

A: 在会声会影 X4中粘贴大段文字时，不能自动换行，原来的文字格式也不能被粘贴过来，但是会保持原来的段落格式。会声会影 X4没有"复制"和"粘贴"菜单命令，通常使用快捷键Ctrl+C和Ctrl+V来实现复制和粘贴功能。如果从其他地方复制的文字默认为一行，可以通过按Enter键换行。

在会声会影 X4 中，可以为标题中的每一个文字设置不同的字体、颜色、边框和大小等格式，使标题表现得更加丰富。其具体操作步骤如下。

步骤 1 在会声会影 X4 中打开"多姿多彩 .vsp"文件，在标题轨中双击标题文件，使其变为可编辑状态。

步骤 2 将鼠标移至预览窗口的标题上，当光标变成形状时，双击鼠标进行标题内部。

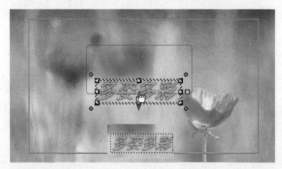

步骤 3 在预览窗口中按住鼠标左键，拖动鼠标选中标题中的第一个"多"字。

步骤 4 在"编辑"选项卡中，设置字体为华文行楷、大小为 100、颜色为红色。

步骤 5 在预览窗口按住鼠标左键，拖动鼠标选中标题中的"姿"字。

步骤 6 在"编辑"选项卡中设置"姿"字的属性。用同样的方法再分别设置其他两个字的格式。

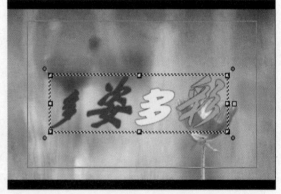

提示 单字动画效果

在同一个标题内不可以为单个文字设置"边框/阴影/透明度"效果和动画效果。

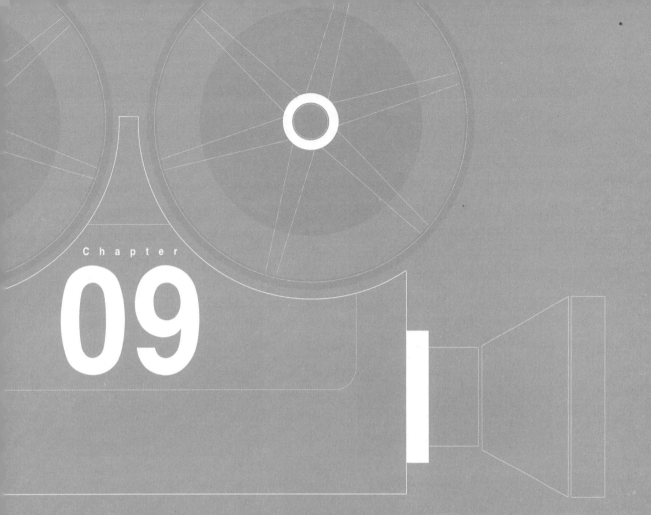

09

滤镜效果应用

本章内容简介

视频滤镜其实就是为视频素材添加一些视频特效，它可以改变视频文件的外观和样式，例如，可以增加素材的艺术效果，从而制作出神奇的、变化多端的视频作品。

通过本章学习，用户可了解

① 视频滤镜的添加和设置
② 常见滤镜的使用
③ 为视频局部添加马赛克

滤镜的添加和设置

若用户需要制作特殊的视频效果，可为视频素材添加相应的滤镜。本节介绍如何添加和删除滤镜，以及如何通过添加不同的滤镜和自定义不同的参数，创作出艺术化的效果。

9.1.1 添加滤镜

会声会影 X4 提供了 70 种滤镜，可以模拟各种艺术效果，对素材进行美化，为素材添加光照、闪光、雨点等效果，从而制作出变幻绚丽的视频作品。下面对滤镜的添加操作进行介绍。

01 进入会声会影 X4，在视频轨中插入视频素材。

02 切换至"滤镜"素材库，单击"画廊"按钮，在弹出的下拉列表中选择"特殊"选项。

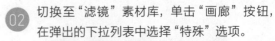
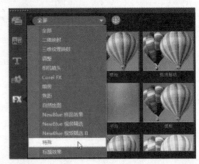

03 在素材库中选择"气泡"滤镜效果，如下图所示。

04 将该滤镜拖至视频轨中的图像上，释放鼠标左键后，单击导览区中的"播放"按钮，预览效果。

9.1.2 替换滤镜

在会声会影 X4 中，用户还可以选择其他的滤镜替换现有的滤镜，其具体操作如下。

01 进入会声会影 X4，打开"替换视频滤镜 .vsp"视频项目。

02 单击"选项"按钮，在打开的"属性"选项卡中选中"替换上一个滤镜"复选框。

03 在视频滤镜素材中选择"云彩"滤镜，将其拖曳至故事板的素材图像上，释放鼠标左键即可完成替换。

04 在"属性"选项卡中的已选滤镜列表中可以看到"气泡"滤镜已被替换为"云彩"滤镜。

05 单击导览区中的"播放"按钮，预览替换后的"云彩"滤镜效果。

 提示　　　多个滤镜的应用原则

如果素材被添加有多个滤镜效果，系统默认只替换最后一个添加的滤镜效果。

9.1.3 添加多个滤镜

在会声会影 X4 中，还可以为视频素材添加多个滤镜，使素材效果更加丰富。具体操作如下。

01 在视频轨中插一幅素材图像"多个滤镜 .jpg"。打开滤镜素材库。

02 设置"画廊"项为全部，选择"活动摄影机"滤镜，将其拖至视频轨的素材图像上方。

03 单击"选项"按钮，在弹出的"属性"选项卡中取消选中"替换上一个滤镜"复选框。

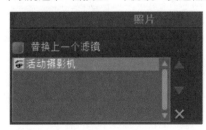

04 采用步骤2同样的方法，将"自动曝光"和"波纹"滤镜添加至图像上。

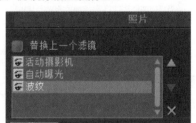

05 单击导览区中的"播放"按
钮，预览添加的多种滤镜
效果。

 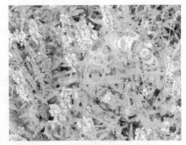

9.1.4 删除滤镜

在会声会影 X4 中，用户可对不需要的滤镜进行删除，具体操作如下。

01 启动会声会影 X4，打开"删除视频滤镜.vsp"
项目。单击库面板中的"选项"按钮。

02 在"属性"选项卡下的滤镜列表框中选择
"修剪"滤镜，单击"删除滤镜"按钮即可。

03 单击导览区中的"播放"按
钮，预览删除后的效果。

 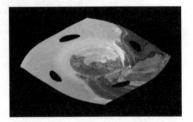

提示 自定义滤镜

　　用户为素材添加滤镜效果后，系统会自动地为所添加的滤镜指定一系列
预设样式。如果系统所指定的滤镜预设样式制作的效果不能满足用户的要
求，用户可以通过自定义设置，从而达到所需的效果。该操作很简单，只需要
单击"属性"选项卡中的"自定义滤镜"按钮即可。

9.2 常用滤镜介绍

　　会声会影 X4 提供了 70 种滤镜，包括在"二维映射"、"三维纹理映射"、"调整"、"相机镜头"、
Core FX、"暗房"、"焦距"、"自然绘图"和"标题效果"等 13 种滤镜组中。本节介绍其常用滤
镜的应用，以及在什么情况下应用哪种滤镜比较合适。此外，还介绍了如何自定义滤镜，从而使
制作出来的效果更具有个性。

9.2.1 抵消摇动滤镜

"抵消摇动"滤镜是经常使用的滤镜之一，主要用于校正由于摄像机摇动造成的视频恍惚。下面对该滤镜的应用进行介绍。

🔊 **案例描述**	在拍摄的过程中，由于摄像机的晃动而产生了恍惚的画面，通过添加"抵消摇动"滤镜，可以校正该类视频。	
◎ **要点提示**	自定义"抵消摇动"滤镜	
🖥 **上手度**	★★★★★	
🖨 **原始文件**	抵消摇动.wmv	
🖨 **结果文件**	无	

抵消摄像机
晃动特效

01 进入会声会影X4，在视频轨中添加一段视频素材"抵消摇动.wmv"。

02 单击"滤镜"按钮，切换至"滤镜"选项卡，单击"画廊"按钮，选择"调整"选项。

03 在素材中选择"抵消摇动"滤镜，按住鼠标左键并拖曳至时间轴中的视频素材上方。

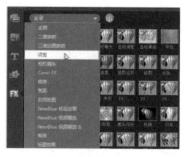
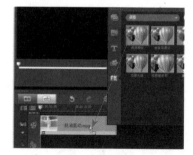

04 单击"选项"按钮，在弹出的"属性"选项卡中单击"自定义滤镜"按钮，弹出"抵消摇动"对话框，从中设置程度为8、增大尺寸为10%。随后单击导览区中的"播放"按钮进行预览。

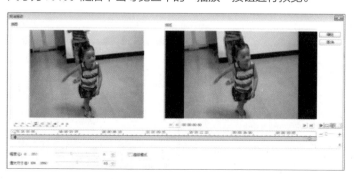

提示 "抵消摇动"对话框选项

程度：用于控制抵消摇动的程度，值越大，效果越明显，可根据源视频的摇动情况而定。

增大尺寸：向右拖动滑块，可增大画面的尺寸，最大数值为20%。

9.2.2 自动草绘滤镜

"自动草绘"滤镜可以为家庭影片和照片添加手绘风格，其与众不同的炫酷效果为平常画面增添了许多趣味性和可看性。

🔊 **案例描述**	本实例是为一幅图像素材添加"自动草绘"滤镜后，呈现出的手绘效果。	
◎ **要点提示**	"自动草绘"滤镜	
🖼 **上手度**	★★☆☆☆	
🖨 **原始文件**	自动草绘.jpg	
🖨 **结果文件**	自动草绘滤镜.vsp	

01 进入会声会影 X4，在视频轨中添加图像素材"自动草绘.jpg"。

02 单击"滤镜"按钮，切换至"滤镜"选项卡，单击"画廊"下拉按钮，在弹出的下拉列表中选择"自然绘图"选项。

03 在素材中选择"自动草绘"滤镜，按住鼠标左键并拖曳至时间轴中的素材上方。然后单击"选项"按钮。

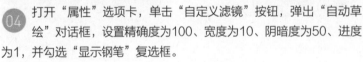

04 打开"属性"选项卡，单击"自定义滤镜"按钮，弹出"自动草绘"对话框，设置精确度为100、宽度为10、阴暗度为50、进度为1，并勾选"显示钢笔"复选框。

05 单击导览区中的"播放"按钮，预览"自动草绘"滤镜效果。

9.2.3 双色调滤镜

"双色调"滤镜用不同的颜色来表示画面的色阶，可以通过调整颜色的浓淡来制作一些特别的艺术效果。

🔊 **案例描述**	本实例通过对一张照片添加"双色调"滤镜，使照片中的画面呈现特别的色彩效果。	
◎ **要点提示**	"双色调"滤镜	
🖼 **上手度**	★★☆☆☆	
🖨 **原始文件**	怀旧老照片.jpg	
🖨 **结果文件**	怀旧老照片.vsp	

范　例
Example
34

怀旧老照片效果

01 进入会声会影X4，在视频轨中添加素材"怀旧老照片.jpg"。

02 单击"滤镜"按钮，切换至"滤镜"选项卡，单击"画廊"下拉按钮，在弹出的下拉列表中选择"相机镜头"选项。

03 在素材中选择"双色调"滤镜效果，按住鼠标左键并拖曳至时间轴中的素材上方。

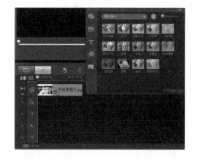

04 单击"选项"按钮，在弹出的"属性"选项卡中单击"自定义滤镜"按钮左侧的下拉按钮，在弹出的滤镜预设列表框中选择第 2 个。

05 单击导览区中的"播放"按钮，即可预览"双色调"滤镜效果。

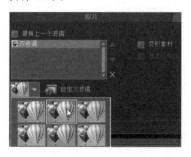

9.2.4 闪电滤镜

使用"闪电"滤镜，可以在素材中添加闪电效果。

◀)) 案例描述	本实例素材是一幅乌云密布的江景照片。通过对该图像添加"闪电"滤镜，使图像呈现出闪电特效。
◎ 要点提示	"闪电"滤镜
🖼 上 手 度	★★☆☆☆
🖨 原始文件	电闪雷鸣.jpg
🖨 结果文件	电闪雷鸣.vsp

01 进入会声会影 X4程序，在视频轨中添加素材"电闪雷鸣.jpg"。

02 单击"滤镜"按钮，切换至"滤镜"选项卡，单击"画廊"下拉按钮，从中选择"特殊"选项。

03 在素材中选择"闪电"滤镜效果，按住鼠标左键并拖曳至时间轴中的素材上方。

04 单击"选项"按钮，在弹出的"属性"选项卡中单击"自定义滤镜"按钮，弹出"闪电"对话框。在"基本"选项卡中进行如下图所示的设置。切换至"高级"选项卡，设置因子为20、幅度为30、亮度为60、阴光度为100、长度为50。设置完成后单击"确定"按钮，并对其实施预览。

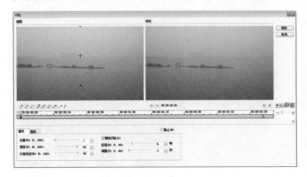

9.2.5 老电影滤镜

使用"老电影"滤镜，可以创建色彩单一，播放时画面有抖动、刮痕，光线变化忽明忽暗现象的老电影效果。

范 例
Example
36

"老电影"效果

◀)) 案例描述	本实例通过为一段视频添加"老电影"滤镜效果，使其具有老电影的特性，让影片变得更加怀旧，亲切。
◎ 要点提示	"老电影"滤镜
🖻 上手度	★★☆☆☆
🖨 原始文件	老电影效果.wmv
🖨 结果文件	老电影滤镜.vsp

01 进入会声会影 X4，在视频轨中添加一段视频素材"老电影效果 .wmv"。

02 切换至"滤镜"选项卡，单击"画廊"下拉按钮，选择"相机镜头"选项。

03 在素材中选择"老电影"滤镜效果，按住鼠标左键并拖曳至时间轴中的视频素材上方。

04 单击"选项"按钮，在弹出的"属性"选项卡中单击"自定义滤镜"按钮左侧的下拉按钮，在弹出的滤镜预设列表框中选择第 2 个。

05 单击导览区中的"播放"按钮，预览滤镜效果。

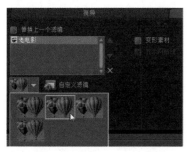

181

9.2.6 雨点滤镜

使用"雨点"滤镜，可以在素材中添加下雨的效果。

范 例 Example 37	
东边日出西边雨效果	

◀)) 案例描述	本实例通过"雨点"滤镜，为一段视频添加雨点效果，制作出一种"东边日出西边雨"的艺术效果。
◎ 要点提示	"雨点"滤镜
▣ 上 手 度	★★☆☆☆
🖶 原始文件	东边日出西边雨.wmv
🖶 结果文件	雨点滤镜.vsp

01 进入会声会影 X4，在视频轨中添加一段视频素材"东边日出西边雨 .wmv"。

02 切换至"滤镜"选项卡，单击"画廊"下拉按钮，在弹出的下拉列表中选择"特殊"选项。

03 在素材中选择"雨点"滤镜效果，按住鼠标左键并拖曳至时间轴中的视频素材上方。

04 单击"选项"按钮，在弹出的"属性"选项卡中单击"自定义滤镜"按钮，弹出"雨点"对话框，从中设置密度为100、长度为8、宽度为9、背景模糊为30，变化为34。

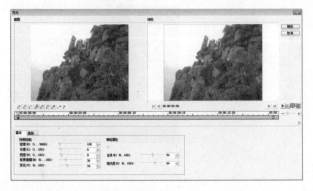

05 单击导览区中的"播放"按钮，即可预览"雨点"滤镜效果。

9.2.7 鱼眼滤镜

"鱼眼"滤镜用于模拟使用鱼眼镜头拍摄的扭曲效果。使用该滤镜，观众可以感觉像是在通过一个玻璃球看画面。

范例
Example
38

用放大镜看物体效果

🔊 **案例描述**	本实例为一个图像素材添加"鱼眼"滤镜效果，达到像是在用放大镜看物体的效果。	
◎ **要点提示**	"鱼眼"滤镜	
🖼 **上手度**	★★☆☆☆	
🖨 **原始文件**	放大镜看物体.jpg	
🖨 **结果文件**	鱼眼滤镜.vsp	

01 进入会声会影 X4，在视频轨中添加一幅图像素材"放大镜看物体.jpg"。

02 切换至"滤镜"选项卡，单击"画廊"下拉按钮，选择"三维纹理映射"选项。

03 在素材中选择"鱼眼"滤镜效果，按住鼠标左键并拖曳至时间轴中的素材上方。

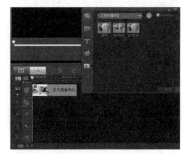

04 单击"选项"按钮，在弹出的"属性"选项卡中单击"自定义滤镜"按钮，弹出"鱼眼"对话框，在"光线方向"下拉列表中选择"从中央"选项，然后单击"确定"按钮。

05 单击导览区中的"播放"按钮，预览"鱼眼"滤镜效果。

9.2.8 单色滤镜

"单色"滤镜用于去除画面中原有色彩信息，同时可以将某一种指定的颜色覆盖到画面上。

范 例 Example 39		

彩照变单色照片效果

◁)) 案例描述	本实例为一幅图像素材添加"单色"滤镜，使之呈现出较为古典的色彩效果。
◎ 要点提示	"单色"滤镜
▣ 上手度	★★☆☆☆
▤ 原始文件	彩照变单色.jpg
▥ 结果文件	单色滤镜.vsp

01 进入会声会影X4，在视频轨中添加素材"彩照变单色.jpg"，如下图所示。

02 切换至"滤镜"选项卡，单击"画廊"下拉按钮，选择"相机镜头"选项。

03 在素材中选择"单色"滤镜效果，按住鼠标左键并拖至时间轴中的素材上方。

04 单击"选项"按钮，在弹出的"属性"选项卡中单击"自定义滤镜"按钮左侧的下拉按钮，在弹出的滤镜预设列表框中选择第2个滤镜。

05 单击导览区中的"播放"按钮，预览滤镜效果。

9.2.9 镜头闪光滤镜

使用"镜头闪光"滤镜，可以在图像中添加一个特别亮的闪光，所产生的效果类似于正对太阳光在镜头上产生的光晕效果。

🔊 案例描述	本实例为一幅图像素材添加"镜头闪光"滤镜，使图像呈现镜头光晕效果。
◎ 要点提示	"镜头闪光"滤镜
🖼 上 手 度	★★☆☆☆
🖨 原始文件	物体强烈反光.jpg
🖨 结果文件	镜头闪光滤镜.vsp

物体强烈反光效果

① 进入会声会影 X4，在视频轨中添加素材"物体强烈反光.jpg"。

② 切换至"滤镜"选项卡，单击"画廊"下拉按钮，选择"相机镜头"选项。

③ 在素材中选择"镜头闪光"滤镜效果，按住鼠标左键并拖曳至时间轴中的素材上方。

④ 单击"选项"按钮，在弹出的"属性"选项卡中单击"自定义滤镜"按钮，弹出"镜头闪光"对话框，从中设置镜头类型为50~300mm 缩放、亮度为300、大小为50、额外强度为300。

⑤ 单击导览区中的"播放"按钮，预览"镜头闪光"滤镜效果。

使用会声会影 X4 的"像素器"滤镜，可以将视频中的某一部分图像分解成多个平铺块，让某些不宜出现的图像呈马赛克。

01 启动会声会影 X4，在视频轨中添加视频"马赛克.avi"。然后打开"滤镜"素材库。

02 单击素材库上方的"画廊"下拉按钮，从中选择"NewBlue 视频精选"选项。

03 在素材中选择"像素器"滤镜效果，按住鼠标左键并拖至时间轴中的视频素材上方。然后单击"选项"按钮，打开"属性"选项卡，单击"自定义滤镜"按钮。

04 在弹出的"NewBlue像素器"对话框中，取消"使用关键帧"复选框，将"当前位置"滑块拖至第一个关键帧，然后设置坐标X、Y值分别为-80、80，宽度和高度分别为35、12，块大小设置为16。最后单击"确定"按钮。

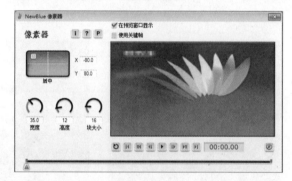

05 单击预览窗口下的"播放"按钮，预览添加马赛克后的视频效果。视频中左上角的部分被分解为多个平铺块。

提示 "像素器"对话框中各参数的含义

X和Y：用来设置马赛克在视频中出现的位置参数。

宽度：用来设置所需马赛克效果的区域宽度。

高度：用来设置所需马赛克效果的区域高度。

块大小：用来设置马赛克的大小。块大小分别为10、20、30、40、50、60的效果如下。

Q: 覆叠轨中的文件可以应用滤镜效果吗?

A: 覆叠轨中的文件可以应用滤镜效果,其添加方法与视频轨文件添加滤镜效果的方法一样,但是由于覆叠轨的文件一般比较小,所以有些滤镜效果不太明显。

Q: 在启动会声会影X2时有"影片向导"选项,快速制作影片非常方便,但是在会声会影X4启动时为什么没有?

A: 会声会影X4取消了"影片向导"功能,用户可以通过"即时项目"功能快速创建影片。将即时项目应用到视频轨以后,只需要对视频轨中的素材进行替换操作即可。

插入即时项目

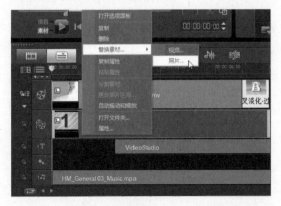

替换素材

Q: 为什么有时候Flash文件无法导入到视频轨中?

A: 首先到控制面板中查看是否安装了Flash播放器,如果有就将其卸载,一般卸载后就可以导入了。如果还是不行,就只有建议用户重新处理Flash文件。一般会声会影 X4对Flash6.0以下版本制作的Flash文件支持较好。另外,制作Flash时最好不要使用语法。

Q: 保存项目文件时,可以设置为程序自动保存吗?

A: 可以。打开项目文件后,按F6键,打开"参数选择"对话框,切换到"常规"选项卡,勾选"项目"选项组内"自动保存间隔"复选框,然后设置项目文件自动保存的间隔。设置完毕后,单击"确定"按钮即可。

在会声会影 X4 中，使用"画中画"滤镜，可以制作出旋转更换图像的效果。在第 1 幅图像旋转至 90 度时，自动更换为第 2 幅图像，以此类推。而且还可以在该滤镜中为图像添加反射效果，使图像呈现出倒影特效。

步骤 1 进入会声会影 X4程序，打开"旋转图像.vsp"。

步骤 2 在素材库中单击"滤镜"按钮 **FX**，切换至"滤镜"选项卡，单击"画廊"下拉按钮，在弹出的下拉列表中选择"NewBlue 视频精选 II"选项。

步骤 3 在素材中选择"画中画"滤镜，按住鼠标左键并拖至覆叠轨的第1个图像上方。

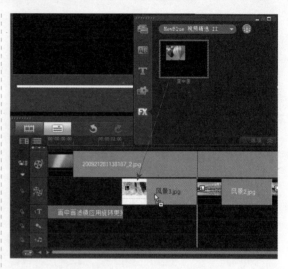

步骤 4 在"属性"选项卡中，单击"自定义滤镜"按钮，弹出"NewBlue画中画"对话框。

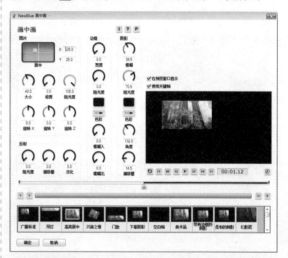

步骤 5 首选取消"使用关键帧"复选框，然后将飞梭栏拖至第一帧。在"图片"选项组内，将X和Y的值都设置为0，大小设置为50。在"反射"选项组内，将阻光度设置为20，其他不变。

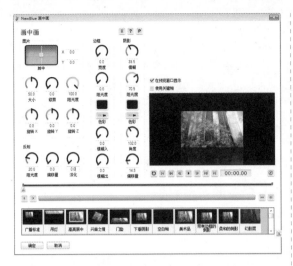

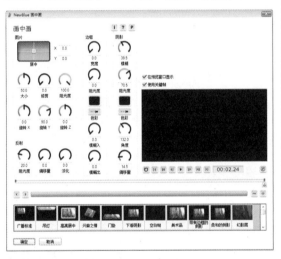

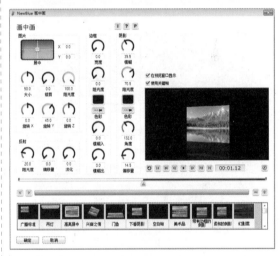

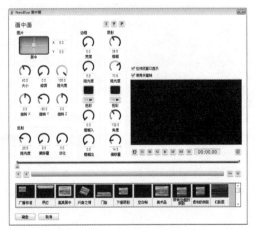

步骤6 将飞梭栏拖至最后一帧，然后勾选"使用关键帧"复选框，在"图片"选项组内，将旋转Y的值设置为90，单击"确定"按钮。

步骤7 在覆叠轨的第1个素材上右击，在弹出的快捷菜单中选择"复制属性"命令。

步骤8 在覆叠轨的第2个素材上右击，在弹出的快捷菜单中选择"粘贴属性"命令。

步骤9 在"属性"选项卡中，单击"自定义滤镜"按钮，弹出"NewBlue画中画"对话框。

步骤10 将飞梭栏拖至第一帧。在"图片"选项组内将旋转Y的值设置为-90，单击"确定"按钮。

知识拓展

189

步骤11 按照步骤7和步骤8的方法，把覆叠轨中第2个图像素材的属性复制到第3、4个图像素材上。

步骤12 选中覆叠轨中的第1个图像素材，在"属性"选项卡中，单击"遮罩和色度键"按钮。

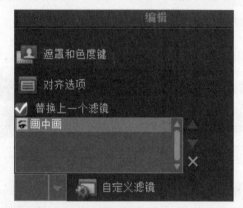

步骤13 选在弹出的面板中，勾选"应用覆叠选项"复选框，在类型中选择遮罩帧，在右侧的列表中选择纯白色的遮罩帧样式。

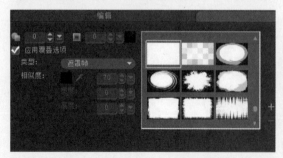

步骤14 按照步骤12和步骤13的方法，为覆叠轨中的其他图像素材添加相同的遮罩帧，在预览窗口可以看到相应的效果。

步骤15 选中覆叠轨中的最后一个图像素材，在"属性"选项卡中，单击"自定义滤镜"按钮，弹出"NewBlue画中画"对话框，将飞梭栏拖至第一帧。在"图片"选项组内，将旋转Y的值设置为"0"，然后单击"确定"按钮。

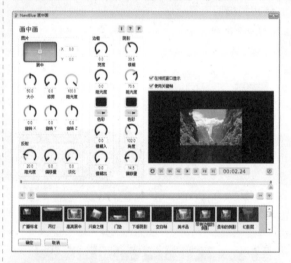

步骤16 单击预览窗口下的"播放"按钮，可以看到第1个图片顺时针旋转90度以后变成第2个图片，当旋转至最后一个图像时不再旋转。

编辑音频

本章内容简介

优美动听的背景音乐和生动准确的配音影响着视频作品的成败。在会声会影X4中，用户可以把CD音乐、MP3以及各种格式的音乐文件添加到影片中作为背景音乐，也可以录制旁白添加到影片中。

通过本章学习，用户可了解

① 为影片添加声音
② 为影片添加音乐
③ 修整音频素材
④ 应用音频滤镜

10.1 为影片添加声音

任何一部影片都离不开背景音乐，背景音乐随着剧情的变化而变化，在关键时刻烘托和渲染影片的气氛，强化观众的视听感情变化。在会声会影 X4 中能够非常方便地为影片添加音乐。为影片添加声音的方法有很多种，主要包括使用麦克风录制旁白，从素材库中直接添加声音文件，将硬盘或者光盘上的声音文件添加到影片中等。本节介绍为影片添加声音的各种操作。

10.1.1 使用麦克风录制声音

为了方便用户为影片配音，会声会影 X4 提供了直接录制画外音的功能。在 Windows 中设置好音频的属性后，接下来就可以开始为影片录制声音了。具体的操作如下。

01 进入会声会影 X4，在视频轨插入一段需要添加画外音的视频。

02 在时间轴视图中拖动时间线到需要添加声音的起始位置。

03 单击上方的"录制/捕获选项"按钮，弹出"录制/捕获选项"对话框。

04 在"录制 / 捕获选项"对话框中单击选择"画外音"选项，打开"调整音量"对话框。

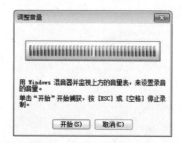

05 录制工作准备好后，单击"开始"按钮即可开始录制声音。在录制的过程中区间时间码会不断地增加。

06 录制完后，按下 Esc 或 Space 键结束录音。这时可以看到录制的声音被添加到了声音轨上指定的位置。

 录制时间

录制声音的最佳时间是10~15秒，这样可以更方便地删除较差的声音。如果要删除声音，只需在声音轨上选中此素材并按下Delete键即可。

10.1.2 从素材库添加声音

从素材库添加声音是最基本的也是最常用的方法。使用这种方法可以将声音素材导入到素材库中，并且能够在以后的操作中快速调用。从素材库添加声音的具体步骤如下。

01 进入会声会影 X4。单击素材库中的"导入媒体文件"按钮▦。

02 打开"浏览媒体文件"对话框，选中需要添加的文件后，单击此下方的"播放"按钮试听。

03 选择好音乐文件后，单击"打开"按钮即可将选中的音乐文件添加到素材库中。

04 选中添加到素材库中的音频素材，然后将其拖放到声音轨或者音乐轨上即可。

 提示 　　**添加不同格式的音频文件**

　　如果选择的是AVI、MOV或MPEG格式的视频文件，那么单击"打开"按钮后，系统会自动地将视频中的声音分离出来，单独地存放为音频素材。此外，从添加的音频文件的性质上来说，声音和音乐是相同的。可以将WAV格式的声音文件和MP3格式的音乐文件添加到声音轨中，也可以添加到音乐轨中。

10.1.3 从文件添加声音

如果硬盘中的声音文件不需要添加到素材库中而是直接应用到当前影片中，可以采用从文件添加声音的方法。下面介绍其具体操作方法。

01 在时间轴中单击鼠标右键，在弹出的快捷菜单中选择"插入音频 > 到音乐轨 #1"命令。

02 弹出"打开音频文件"对话框，选中需要添加的文件并试听。

选择好音频文件后，单击"打开"按钮即可将其添加到音乐轨中，如右图所示。

提示

添加音频素材的方法

添加音频素材的方法和添加视频素材的方法类似，用户可以参照第5章中添加视频素材的方法，选择适合自己的一种。

10.1.4 从CD光盘录制音乐

会声会影允许直接从 CD 光盘中为影片录制背景音乐，具体的操作步骤如下。

01 将CD光盘放入光驱，在时间轴上将时间线移动到影片中需要添加音乐的开始位置。

02 单击"时间轴"面板上方的"录制/捕获选项"按钮 ，弹出"录制/捕获选项"对话框。

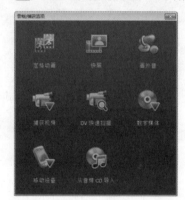

03 在打开的对话框中单击"从音频CD导入"选项，打开"转存CD音频"对话框。

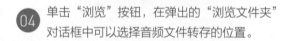

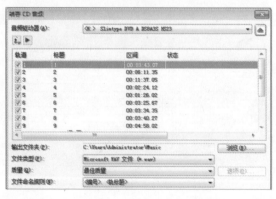

04 单击"浏览"按钮，在弹出的"浏览文件夹"对话框中可以选择音频文件转存的位置。

05 选中要转存的音频文件前面的复选框，同时
选中"转存后添加到项目"复选框。

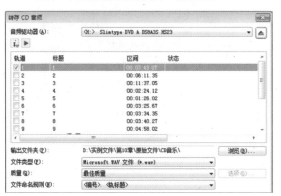

06 单击"转存"按钮，即开始转存音频文件。

07 转存完成后系统会提示转存已完成。

08 单击"关闭"按钮，系统会自动地将音频文件
添加到项目中。

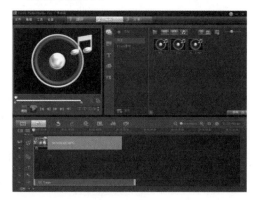

10.2 修整音频素材

将声音或背景音乐添加到声音轨或音乐轨后，就可以根据影片的需要对音频素材进行修整了。
只有修整后的音频素材才能更好地与影片融合在一起。

10.2.1 直接拖动缩略图进行修整

拖动缩略图修整素材的具体操作如下。

01 在时间轴视图中，选择音乐轨上需要修整的
音频素材，此时在音频素材的两端会出现黄
色标记。

02 在黄色标记上按住鼠标左键并拖动即可改变
音频素材的长度。

03 调整完成后就可以在音乐轨上看到修整后的音频素材。

04 同时，在"音乐和声音"选项卡中的"区间"数值框中将显示调整后的音频素材的长度。

> 提示　**音频素材增大的限制**
>
> 不能将音频素材增大到超过源文件的原始区间，只能在原始素材上拖动起始或者终止位置的黄色标记来缩短素材。

10.2.2 使用区间修整

使用"区间"数值框可以精确地控制声音或者音乐的播放时间。如果对整个影片的播放时间有严格的限制，就可以使用这种方法进行修整。使用区间修整音频素材的具体步骤如下。

01 在时间轴视图中，在相应的音乐轨上选中需要修整的音频素材，这时在"音乐和声音"选项卡的"区间"数值框中将会显示当前选中的音频素材的总长度。

02 单击时间码上需要更改的数值，然后可以通过单击区间右侧的微调按钮来增加或减少素材的长度，也可以在相应的时间码中直接输入数值来调整声音素材的长度。

03 输入完成后在选项面板的空白区域单击鼠标或者直接按下 Enter 键，这时系统会自动地按照指定的数值增加或者减少素材的长度，如右图所示。

10.2.3 使用修整标记修整

使用修整标记修整音频素材精确、方便，可以使用这种方式对音频素材"掐头去尾"。使用修整标记修整音频素材的具体操作如下。

01 在时间轴视图中，在相应的音乐轨上选中需要修整的音频素材。然后单击导览区的"播放"按钮，播放选中的音频素材。

02 当听到需要修整的起始位置时，单击"开始标记"按钮，或者直接按 F3 键，设置起始位置。

03 继续播放选中的音频，当到达需要修整的结束位置时，单击"结束标记"按钮或者直接按 F4 键，设置结束位置。这样，程序就会自动地保留开始标记与结束标记之间的音频素材。

04 修整完毕后将音频素材移动到合适的位置即可。

> **提示** 微调音频素材
> 当设定了音频素材的开始标记后，可以在导览区中单击"上一帧"按钮或者"下一帧"按钮对音频素材进行微调，重新设置开始标记，实现精确修整。

10.2.4 调整音量大小

当影片中有多个声音时，需要调整各个声音的音量大小。如果各个声音音量大小一样大，那么影片就会显得很嘈杂。本小节介绍调整音量大小的方法。

1. 在"音乐和声音"选项卡中调整

通过"音乐和声音"选项卡调整音频音量大小的具体操作如下。

01 选择需要修整的音频素材，在"音乐和声音"选项卡中，单击"素材音量"下拉按钮。

02 在弹出的窗口中拖动滑块，以调整音频素材的音量。

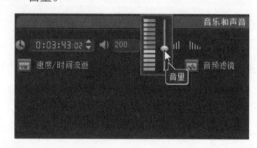

03 用户也可直接在数值框中输入具体数值，精确控制素材音量，本实例在数值框中输入200。

04 调整完成后单击"播放"按钮 ，即可试听音频素材的音量是否合适。

提示 音量数值

数值100表示是原始的音量大小，0表示无声，50表示是原来音量的一半，200表示是原来音量的两倍。在数值框中输入值的范围是0~500，如果输入的数值不在这个范围，系统会弹出警告提示。

2. 使用混音器调整

使用混音器调整音频音量的具体操作如下。

01 单击时间轴上方的"混音器"按钮 ，并选择需要调整的音频素材。

02 拖动混音器中的滑块，调整音量的大小。

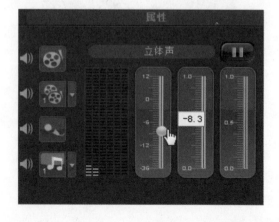

03 单击"播放"按钮，播放影片中添加的音频素材，试听调试效果。

04 拖动左右声道音频滑块，可以控制音频中左右声道的音量大小。

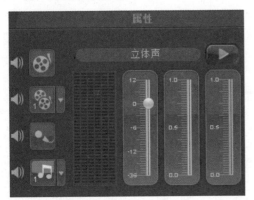

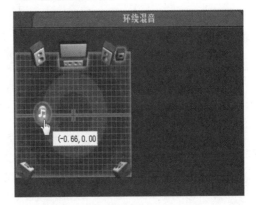

3. 利用音频调节线调整

音频调节线是轨道中央的水平线，只有在时间轴视图中才能看到。用户可以用此调节线来调整音频素材的音量。具体操作如下。

01 在相应的音乐轨上选择需要修整的素材，单击时间轴上方的"混音器"按钮，显示音量调节线。

02 将光标指向调节线下方，当指针变为↑时，在调节线上单击创建调节点，拖动此节点调整音量。

03 向上或向下拖动节点，可以相应增加或减小素材在当前位置的音量。

04 重复步骤2和步骤3，添加更多的节点，调整音量的大小。

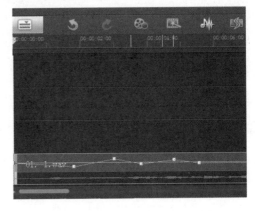

05 如果想让音量回复到初始大小，需单击鼠标右键，从弹出的快捷菜单中选择"重置音量"命令即可。

06 音量调节线恢复到初始状态，用户可以重新设置音量的大小。

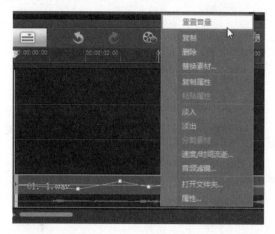

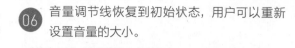

10.3 音频的高级控制

音频的高级控制，包括控制音频的左右声道、回放速度，实现声音的淡入淡出以及混音等音频效果，可以使制作出来的影片的音频更为专业。

10.3.1 控制左右声道

有时音频文件会把人声和背景音频分开，并放到不同的声道上。如果用户想让音频素材的人声部分静音，同时使背景音乐保持播放状态，需要用到会声会影的复制音频声道功能。

01 在相应的音乐轨上选择需要修整的音频素材，单击时间轴上方的"混音器"按钮。

02 切换至"属性"选项卡，选中"复制声道"复选框。

03 单击"右"单选按钮，可将右声道的音频复制到左声道。

04 单击"播放"按钮，试听调整后的音频效果。

左右声道的复制

本实例中音频素材的左声道是人声，右声道是背景音乐。通过复制右声道，使音频素材的人声部分静音，而背景音乐仍然保持播放状态。

10.3.2 调整音频回放速度

用户可以修改音频的回放速度，将音频设置为慢速播放，或者快速播放，为影片营造滑稽的气氛。具体的操作步骤如下。

01 在相应的音乐轨上选择需要修整的音频素材，单击鼠标右键，在弹出的快捷菜单中选择"速度 / 时间流逝"菜单命令。

02 弹出"速度 / 时间流逝"对话框，其中包括"原始素材区间"，"速度"等选项。设置速度为150。

03 单击"预览"按钮，试听音频效果，然后单击"停止"按钮，停止试听。根据试听效果可以重新设置速度。

04 单击"确定"按钮，完成回放速度的调整操作。单击"播放"按钮，试听音频素材的效果。

10.3.3 实现声音的淡入淡出

逐渐开始或结束的声音效果通常用于创建平滑的过渡。如果背景音乐是一首完整的歌曲，那也许不用考虑声音的过渡问题，因为歌曲本身往往就有这样的效果。但是如果背景音乐只是某个片段，要让背景音乐与视频本身的音乐完美的结合在一起，就需要运用会声会影X4的"淡入淡出"功能创建平滑的过渡。

下面介绍声音的淡入和淡出操作。

01 在会声会影中，将素材库中的音频素材直接拖曳到声音轨上，在"音乐和声音"选项卡上可以看到"淡入"、"淡出"按钮。

02 如果要使音频素材逐渐开始，就单击"淡入"按钮，将淡入效果应用到音频素材。

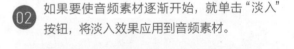

03 如果要使音频素材逐渐结束，就单击"淡出"按钮，将淡出效果应用到音频素材。

 提示　淡入淡出效果

淡入指素材开始播放时音量由小变大；淡出指素材播放结束时音量从大变小。

10.3.4 实现混音效果

在会声会影X4的时间轴视图中，默认有声音轨和音乐轨两个音频轨。若拍摄的影片也包含有声音的话，则会出现3个音频轨，这3个音频轨如果配合得好，可以为影片创造出更好的效果。

在混合音频的时候，最重要的就是调节音频素材的音量。可以在选项面板上调节音频素材的音量，还可以在混音器中对不同的单轨的音量进行设置。具体操作如下。

01 单击时间轴上方的"混音器"按钮，打开"环绕混音"选项卡。

02 在"环绕混音"选项卡中，单击要调整音量的素材所在轨的按钮，如视频轨、覆叠轨、声音轨和音乐轨等。

03 单击"播放"按钮，此时项目在预览窗口中播放，声音是几个音频轨的混音。

04 通过拖动音量调节器的滑块，可调节所选轨的音频素材音量。根据整个项目的声音效果，来决定增大还是减小所选轨的素材音量的大小。

05 要想不播放特定轨上的声音，可以单击此轨旁边的"启用／禁用预览"按钮。

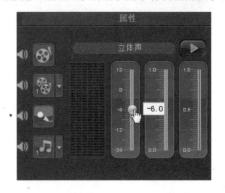

06 拖动控制左右声道滑块，可以使音频仅从回放设备的左边或右边的扬声器播出，这样可以制造出一些特殊的效果。

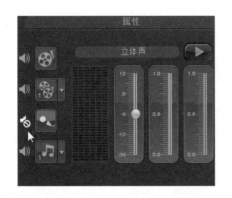

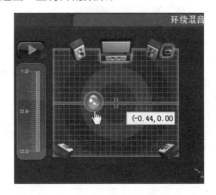

10.4 应用音频滤镜

在会声会影 X4 中不仅可以为视频素材应用滤镜效果，还可以为音频素材应用音频滤镜。将音频滤镜应用到音乐轨和声音轨中的音频素材上，主要包括放大、长回音、等量化以及音乐厅效果等。

41

为音频文件添加混响效果

◉ 要点提示	"混响"滤镜的应用
▣ 上 手 度	★★☆☆☆
🖶 原始文件	02.2.wav
🖶 结果文件	混响.vsp

◀)) **案例描述**

在本实例中，给视频中的声音添加了"混响"滤镜，制作出混响效果。

---

01 打开会声会影 X4，在音乐轨中添加一段音频素材。单击"选项"按钮。

02 打开"音乐和声音"选项卡，单击"音频滤镜"按钮，弹出"音频滤镜"对话框。

03 在"可用滤镜"列表框中选择需要的"混响"滤镜，然后单击"添加"按钮将其添加到"已用滤镜"列表框中。

04 单击"选项"按钮弹出"混响"对话框，在此可以拖动"回馈"或"强度"选项的滑块来调节混响的比例，最后单击"确定"按钮。

05 返回"音频滤镜"对话框并单击"确定"按钮，这时在音频素材上出现了滤镜图标。

06 若要删除应用的音频滤镜，可打开"音频滤镜"对话框，在"已用滤镜"列表框中选中要删除的滤镜，然后单击"删除"按钮即可。

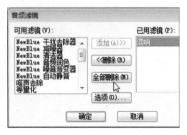

为影响添加长回音效果

◉ 要点提示	添加"回音"音频滤镜
🖼 上 手 度	★★★☆☆
🗂 原始文件	山谷.mpg、旁白1.wav
🖨 结果文件	回音.vsp

🔊 案例描述

在本实例中，有人在视频中呐喊，并且呐喊声有较长的回音——这就是会声会影 X4 的长回音效果。

01 在视频轨中添加视频素材"山谷.mpg"。右击视频轨上的区域，在弹出的快捷菜单中选择"分割音频"菜单命令。

02 选择声音轨上分割的音频素材，单击鼠标右键，在弹出的快捷菜单中选择"删除"命令。

03 在"音乐轨"上右击，在右键菜单中选择"插入音频 > 到音乐轨"命令，弹出"浏览文件"对话框，打开"呐喊.wma"。

04 调整音乐轨上素材的长度，使其与视频轨中的素材右端对齐。

05 在"音乐和声音"选项卡中，单击"音频滤镜"按钮，弹出"音频滤镜"对话框，从中添加"回音"滤镜。

06 单击"选项"按钮，弹出"回声"对话框，从中设置回声的特性，单击"确定"按钮。最后试听该回音效果。

在日常的视频录制中，往往都是没有经过做预先策划和彩排的，所以录制出来的视频作品有的背景音乐嘈杂、混乱，甚至根本就听不清楚，有的背景音乐与拍摄的主题风格不相符合。在这些情况下都需要重新为影片添加背景音乐，以达到比较完美的效果。

<table>
<tr><td>范 例
Example
43</td></tr>
</table>

为影片添加背景音乐

◀)) 案例描述	本实例讲述如何替换原有背景音乐。
◎ 要点提示	背景音乐的添加
🖼 上 手 度	★★☆☆☆
🗂 原始文件	MOV00388.mpg、背景音乐.wma
🖨 结果文件	添加背景音乐.vsp

01 进入会声会影 X4程序，执行"文件>新建项目"菜单命令。

02 在素材库的空白处单击鼠标右键，在弹出的快捷菜单中选择"插入媒体文件"菜单命令。

03 随后会打开"浏览媒体文件"对话框，在该对话框中选择要插入到视频轨中的文件。

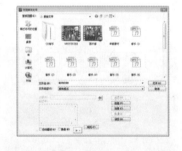

04 选中视频文件MOV00-388.mpg，然后单击"打开"按钮，即可将视频素材添加到素材库中。

05 因为是刚导入的视频素材，还处于选中状态，因此可以直接将其拖放到视频轨中。

06 视频录制时背景声音比较嘈杂，需要去除背景声音。在视频素材上右击，在弹出的快捷菜单中选择"分割音频"命令。

07 视频中的背景声音，被分割至声音轨，在声音轨中被分割出的音频上右击，在弹出的快捷菜单中选择"删除"命令，背景音乐即被删除。

08 在音乐轨中右击，在弹出的快捷菜单中选择"插入音频>至音乐轨#1"命令。

09 在弹出的"打开音频文件"对话框中，选择"背景音乐.wma"，然后单击"打开"按钮。

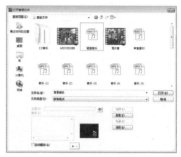

10 将视频轨中的视频素材的结束时间与音频的结尾部分重合。

11 选中音频素材，在"音乐和声音"选项卡中单击"淡入"和"淡出"按钮。

12 单击时间轴上方的"混音器"按钮，切换到音频视图中，在该视图中可以看到设置的淡入淡出效果。

13 鼠标指向音量调节线并变成箭头形状时，单击鼠标左键可以添加一个节点。

14 将鼠标放置在刚添加的节点上，光标会变成手的形状，此时拖动节点可以调节背景音乐的音量。

15 调整完成后单击按钮切换到分享步骤，可以分享视频。在预览窗口中可以查看和试听添加背景音乐后的效果。

提示　**灵活运用音频**

在音频的编辑过程中，要灵活的运用音频调节线来调节各区间的音量，学会根据各场景区间的情景来控制音量。如果，在视频主题中需要突出里面人物的讲话内容，那么就需要利用音频调节线把这个区间的音量降低或静音，如果主题中需要用比较大音量来衬托这一场景区间的激烈氛围，那么就需要利用音频调节线把这个区间的音量适当的提高，以达到预期的效果。一般在音乐的开始或结束区间，都会利用淡入淡出的效果。

疑难解答

Q: 为什么会声会影 X4 程序中的自动音乐不能使用?

A: 出现这种现象的原因可能是用户的电脑中没有安装Quick Time程序。由于Quicktacks音乐必须有Quick Time程序才会运行,所以,在安装会声会影程序后,最好将系统中已有的Quick Time程序卸载并重新安装。

Q: 为什么打不开MP3音乐文件?

A: 在正常情况下会声会影X4程序可以编辑MP3格式的音乐文件,出现打不开的原因可能是该文件的位速较高。此时,可以使用第三方的软件将文件的位速重新设置到128或更低,这样就能顺利地将MP3文件加入到会声会影X4中。

Q: 设置音频的淡入与淡出效果时,区间时间很短,程序能自动将区间时间延长一些吗?

A: 可以。程序默认将音频文件的淡入与淡出区间设置为1秒。需要改变时,打开"参数选择"对话框,切换到"编辑"选项卡,单击"音频"选项组内"默认音频淡入/淡出区间"数值框右侧的微调按钮,可以对淡入与淡出的区间进行设置。设置完毕后,单击"确定"按钮即可。

Q: 为影片的声音轨添加了"删除噪音"滤镜后,为什么声音变得断断续续?

A: 这是由于"删除噪音"滤镜的强度过大,造成音频文件损坏。应用了"删除噪音"滤镜后,可以单击"音频滤镜"对话框中的"选项"按钮,弹出"删除噪音"对话框,将阈值设置小一点即可改变这种断断续续的现象。

Q: 在会声会影X4中播放音频文件时,弹出"无法播放此文件"的提示,这是为什么?

A: 出现这种情况,一般是声卡被禁用或者未正确安装声卡驱动造成的。只需重新安新声卡驱动或启用声卡即可。

Q: 如何重新编辑DV拍摄的视频中的声音?

A: 将视频从DV中采集出来后,在编辑面板中单击"分割音频"按钮,将音频文件分离出来并保存到音频素材库中,以备后续使用。然后对项目中的视频文件进行录音、添加音乐文件等操作,最后保存即可。

Q: 为什么在音乐轨中只插入了一个音乐,而影片中的音乐却有很多?

A: 影视作品中的声音来源通常包括视频素材原音、录制的解说配音和背景音乐3种。影片中可能存在4个类型的声音:"视频轨"素材声音、"覆叠轨"素材声音、"声音轨"素材声音和"音乐轨"素材声音,并且会声会影 X4提供了3条音乐轨,如果这4种声音同时以100%的音量播放,整个影片的合成音效就会嘈杂混乱,所以需要降低或静音某些轨上的音量。

知识拓展 | Adobe Audition基础操作

这里将介绍如何使用 Adobe Audition 编辑音频的相关知识。Adobe Audition 是一个专业音频编辑软件，具有灵活的工作流程，使用非常简单，用户可以轻松地制作出音质饱满、细致入微的高品质音效。下面着重介绍利用该软件转换音频格式、清除噪音等的基本操作。

1. 音频格式转换

下面以把 WAV 格式的音频转换为 MP3 格式的音频为例，介绍如何转换音频格式。

步骤1 启动Adobe Audition 3.0，在工具栏中单击"编辑"按钮，然后单击"文件"选项卡中的"导入文件"按钮。

步骤2 弹出"导入"对话框，在"查找范围"下拉列表中选择"声音素材.wav"，然后单击"打开"按钮。

步骤3 音乐被自动添加到Adobe Audition中。双击"文件"选项卡下的素材"声音素材.wav"，"主群组"选项卡中会显示音频素材的波形。

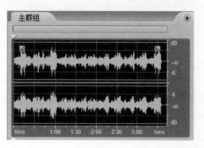

步骤4 选择"文件>另存为"菜单命令，对声音文件进行另存。

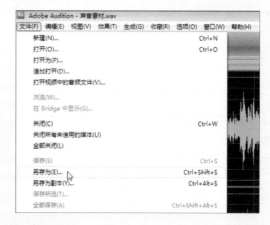

步骤5 弹出"另存为"对话框。在"文件名"文本框中输入文字"转换后"，设置保存类型为*.mp3，单击"保存"按钮即可。

提示

可以转换的格式

　　Adobe Audition 3.0 提供有强大的音频格式转换功能，能在AIF、AU、MP3、SAM、VOC、VOX、WAV等文件格式之间进行转换，并且能够保存为RealAudio格式。

2. 噪音的清除

　　噪音的种类很多，Adobe Audition 3.0 提供了多种清除噪音的方法。下面以清除常见的嘶声为例，讲述如何清除噪音。

步骤1 在"文件"选项卡中双击选中需要清除噪音的音频素材，被选择的素材呈反白显示。

步骤2 选择"效果 > 修复 > 清除嘶声（进程）"命令。

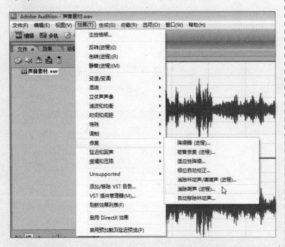

步骤3 弹出"嘶声清除"对话框，在"预设"列表中选择"Standard Hiss Reduction"选项，然后单击"确定"按钮即可。

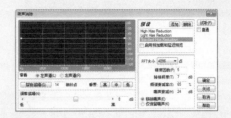

提示

降噪要适度

　　因为一般噪音都是静电噪声，是电脑和麦克风受到电磁波干扰造成的，其分贝都不会很大，所以降噪要适度，不可过量，否则会产生声音失真的现象。

3. 声音的增强

　　在 Adobe Audition 3.0 中，用户可以增强音频文件任意部分的声音。通过调整声音的大小，产生忽高忽低的对比效果。增强声音的具体步骤如下。

步骤1 选择需要增强的声音部分，然后选择"效果 > 振幅和压限 > 放大"菜单命令。

步骤2 弹出"VST 插件 - 放大"对话框，选中"关联左右声道"复选框，然后拖动三角形滑块增大左右声道的音量。

步骤3 调整完成后单击"确定"按钮。单击传送器中的"播放"按钮，试听调整后的效果。

影片的输出

本章内容简介

影片制作的最后一个步骤就是生成并输出影片。会声会影 X4提供了多种输出方式，以适合不同的需要。本章主要介绍输出与刻录影片的各种操作方法。

通过本章学习，用户可了解

① 刻录光盘
② 导出到移动设备
③ 将视频文件导出为网页
④ 项目回放

11.1 分享步骤

在会声会影 X4 中设置和输出影片的工作是在分享步骤中进行的，本节将对分享步骤进行详细介绍。

启动会声会影 X4 后，单击 3 分享 按钮切换到分享步骤的操作界面，如下图所示。

"分享"选项卡中各选项的含义如下表。

表 11-1 分享选项卡介绍

序号	按钮名称	功能描述
1	创建视频文件	单击此按钮，在弹出的下拉菜单中可以选择需要创建的视频文件的类型，如DV、HDV、DVD、WMV、FLV、MPEG-4等
2	创建声音文件	单击此按钮，弹出"创建声音文件"对话框，在"文件名"文本框中输入名称并选择保存类型，即可创建各种类型的音频文件，如WAV、MP4、WMA等
3	创建光盘	单击此按钮弹出下拉菜单可以选择光盘类型，如DVD、AVCHD等
4	导出到移动设备	单击此按钮，在弹出的下拉菜单中可以选择需要创建的导出到移动设备的视频文件的类型
5	项目回放	单击此按钮弹出"项目回放-选项"对话框，设定回放范围后单击按钮，即可在显示屏上回放项目
6	DV录制	单击该按钮，可以将视频文件输出到外接的DV摄像机
7	HDV录制	单击该按钮，同样也是将视频文件输出到DV摄像机
8	上传到网站	单击该按钮，可以将视频在线上传到网上并进行分享

11.2 创建并保存文件

如果当前系统中没有安装光盘刻录机，或者不需要立即刻录光盘，则可使用创建视频或音频文件的方法先将制作完成的影片保存到硬盘上。

11.2.1 创建视频文件

在会声会影 X4 中，可以创建多种格式的视频文件，下面将通过"自定义"选项创建视频文件，具体操作如下。

01 在"分享"选项卡中单击"创建视频文件"按钮，在打开的下拉菜单中选择所要创建视频文件的类型，在此选择"自定义"选项。

02 在弹出的"创建视频文件"对话框中指定视频文件的保存名称及位置，然后单击"选项"按钮。

03 打开"视频保存选项"对话框，从中可以根据需要进一步设置生成视频文件的属性。设置完成后，单击"确定"按钮返回"创建视频文件"对话框。

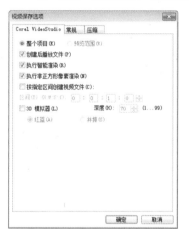

04 单击"保存"按钮，系统会自动地将影片中的所有素材连接起来，并以用户指定的格式保存。此时，预览窗口的下方将显示渲染进度。渲染完成的影片将在素材库中显示一个缩略图，随后单击导览区中的"播放"按钮即可查看影片效果。

正在渲染：20% 完成… 按 ESC 中止。

11.2.2 创建音频文件

在编辑的过程中，有的时候需要在声音编辑软件中进一步处理声音或者将当前声音应用到其他的影片中去，这样就需要单独地输出影片中的声音素材，将音频文件单独保存。具体的操作步骤如下。

01 单击"分享"选项卡中的"创建声音文件"按钮，弹出"创建声音文件"对话框，从中指定音频文件的保存名称及位置。

02 单击对话框中的"选项"按钮，在打开的"音频保存选项"对话框中可以进一步设置声音文件的属性。

03 单击"创建声音文件"对话框中的"主题"按钮，弹出"主题和描述"对话框，在其中输入项目主题并进行简单的描述。

04 设置完成后，单击"确定"按钮返回"创建声音文件"对话框。

05 单击"保存"按钮即可开始渲染输出音频文件。

11.3 刻录光盘

影片编辑完成，用户可以根据自己的需要通过会声会影 X4 的光盘刻录功能将影片制作成光盘，留作纪念或者与他人分享。

11.3.1 选择光盘格式

在会声会影 X4 中，可以根据需要选择不同的光盘输出格式进行刻录。下面对其具体操作进行介绍。

01 将设计好的视频素材加入到视频轨中，然后单击步骤栏上的按钮将界面切换到分享步骤。

02 在"分享"选项卡中单击"创建光盘"按钮，弹出下拉菜单，根据需要选择光盘类型。这里选择DVD。

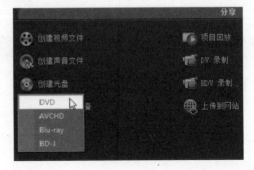

03 打开 Corel VideoStudio Pro 对话框。单击左下方的 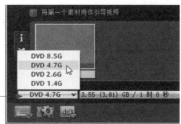 按钮，在弹出的菜单中可以选择要刻录的光盘格式。

04 选择不同的光盘格式，状态栏中便会出现对应的信息，下图分别为 DVD 4.7G、DVD 8.5G 光盘格式信息。

11.3.2 添加多个文件

一张 DVD 光盘的容量一般为 4.7GB，可以容纳多个项目的内容。使用会声会影 X4 可以很方便地将多个项目或视频文件加入一张光盘中。

1. 添加视频文件

将视频文件添加到光盘中的具体步骤如下。

01 在创建光盘的界面中单击"添加视频文件"按钮。打开"打开视频文件"对话框。

02 在该对话框中选择要加入到光盘中的视频文件。

可以打开的视频文件

会声会影支持多种视频文件格式，如AVI、MPG等，在"文件类型"下拉列表中可以进行选择。

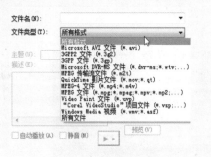

03 选择完成后单击"确定"按钮，文件会自动地加入到列表中，在创建的光盘主界面下方会出现该视频文件的缩略图。

04 选中视频文件后单击 **i** 按钮弹出"属性"对话框，其中显示了视频文件的相关信息。

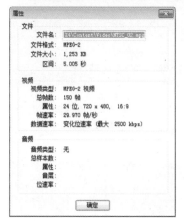

删除视频文件

如果对加入的视频文件不满意，用户可以将其删除。只要选中相应视频文件的缩略图，然后单击左侧的 **X** 按钮即可。

2. 添加项目文件

在会声会影中，也可以将其他项目文件加入到光盘中进行刻录，具体的操作步骤如下。

01 在创建光盘的主界面中单击"添加Video-Studio项目文件"按钮 。

02 随后会弹出"打开"对话框，在该对话框中可以选择要加入到光盘中的项目文件。

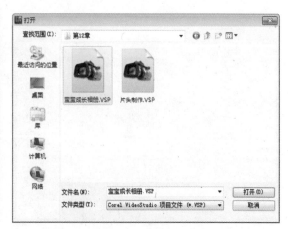

03 选择文件后单击"打开"按钮，文件会自动地加入到列表中，在创建光盘的主界面的下方会出现该项目文件的缩略图。

3. 从光盘或硬盘导入文件

使用会声会影 X4 创建光盘时，还可以从光盘或硬盘中导入 DVD/DVD–VR，AVCHD 或 BDMV 文件。具体的操作步骤如下。

01 在 DVD 光驱中插入 DVD 光盘，然后在创建光盘的界面中单击"数字媒体"按钮🖼️。

02 在弹出的"选取'导入源文件夹'"对话框中，勾选"DVD RW驱动器"前面的复选框，单击"确定"按钮。

03 打开"从数字媒体导入"对话框，从中可以选择要加入到光盘中的 DVD 影片文件夹所在位置。

04 单击"起始"按钮，进入"选取要导入的项目"页面。

05 选中要导入视频前面的复选框，单击界面上方的"预览素材"按钮 ▶。

06 在弹出的"预览"窗口中，单击"播放"按钮，可以预览视频的内容，然后单击"关闭"按钮。

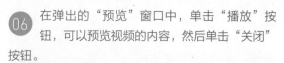

07 在"从数字媒体导入"对话框中，单击"开始导入"按钮，开始导入文件。

08 导入完成后，文件缩略图会显示在下方。

4. 从移动设备导入文件

　　会声会影 X4 还可以从移动设备中导入文件并刻录到光盘中。从移动设备导入文件的具体步骤如下。

01 将移动设备与计算机连接好，在创建光盘的主界面中单击"从移动设备导入"按钮 ■。

02 弹出"从硬盘/外部设备导入媒体文件"对话框，选择要加入到光盘中的媒体文件。

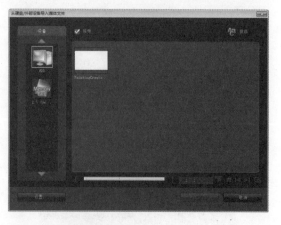

03 选中移动设备，在右侧会显示移动设备内存储的文件内容，然后选中要导入的文件。

04 单击 ■■■ 按钮开始导入文件，导入完成后，文件缩略图会显示在下方。

11.3.3 设置场景章节

会声会影 X4 提供将单个影片剪辑为几段的功能，可以将影片分成合适的章节，还可以对这些章节使用菜单按钮。这样，在播放时就可以直接选择想要看的其中一段视频，而不用从头到尾播放了。

1. 自动添加章节

在会声会影 X4 中，系统可以根据不同的场景自动地添加章节。具体操作步骤如下。

01 在创建光盘的主界面中勾选"创建菜单"复选框和"将第一个素材用作引导视频"复选框。

02 单击"添加 / 编辑章节"按钮，弹出"添加 / 编辑章节"对话框。

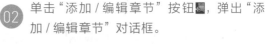

03 单击"自动添加章节"按钮弹出"自动添加章节"对话框。

04 单击 确定 按钮，系统将自动划分章节。

2. 手动添加章节

自动添加的章节不一定符合需要，会声会影 X4 还提供了手动添加章节的功能。具体操作如下。

01 利用"添加 / 编辑章节"对话框中的"播放"按钮 ▶，选择要分割的场景章节的起始位置。

02 单击"添加章节"按钮 ▥，在下方的略图栏会增加一个新的略图。用户还可以单击"删除章节"按钮 ▥，删除不需要的内容。

11.3.4 设置场景菜单

在创建光盘的主界面中如果选中"创建菜单"复选框，设置完场景章节后就可以创建菜单了。具体的操作步骤如下。

01 设置完场景章节后单击 ▬▬▬ 按钮，进入设置场景菜单页面。

02 在"画廊"选项卡中单击 ▼ 按钮，在弹出的下拉列表中选择"全部"选项。

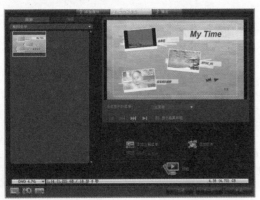

03 随后在模板库会显示全部的场景模板。单击想要使用的模板，系统会自动地将选中的模板应用到视频中。

04 在"当前显示的菜单"下拉列表中选择"主菜单"选项，此时在预览窗口中显示的是视频剪辑的略图。

05 将光标移动到预览窗口中系统已定义的主标题上双击即可进入编辑状态，然后可以输入新的标题。

06 同样，在左侧的标题文字上双击，即可输入新的标题。

07 设置完成后单击"编辑"标签切换到"编辑"选项卡中。

08 单击"设置背景音乐"按钮，在弹出的菜单中选择"为此菜单选取音乐"命令。

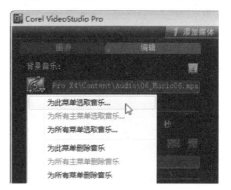

09 随后弹出"打开音频文件"对话框，在其中选中声音文件，然后单击 按钮可以试听效果，试听满意单击"打开"按钮即可更换背景音乐。

10 单击"设置音频属性"按钮，弹出"设置音频属性"对话框，从中可以设置音频的属性。设置的方法与前面章节介绍的相似，这里不再赘述。设置完成后单击"确定"按钮。

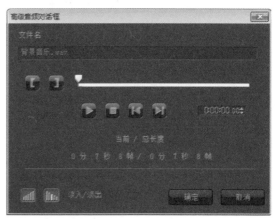

11 单击"设置背景"按钮，在弹出的菜单中选择"为此菜单选取背景图像"命令。

12 随后会弹出"打开镜像文件"对话框，从中可以选择要插入的图像文件。单击"打开"按钮即可更换背景图像。

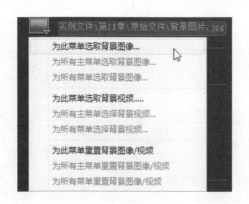

13 单击"自定义…"按钮 ，打开"自定义菜单"对话框。

14 选中下方的"导览按钮"模板，可以更换模板的样式。

15 在该对话框中还可以设置菜单的摇动和缩放效果，为菜单应用动态滤镜，设置菜单的进入和离开方式等。

16 设置完成后，单击"确定"按钮，即可预览自定义菜单后的效果。

11.3.5 预览光盘和输出影片

光盘的基本设置完成后，用户可以在预览窗口中预览光盘效果。具体操作步骤如下。

01 场景菜单制作完成后单击"预览"按钮 可以转到预览窗口。

02 单击左边遥控器中的对应按钮可以在预览窗口中查看效果。这里单击"1"，观看第1段视频效果。

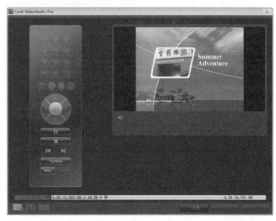

03 使用遥控器上的按钮可以执行"转到下一个"、"转到上一个"和"停止"等操作。预览完成后，单击"后退"按钮。

04 单击"下一步"按钮开始输出影片，在此可以将影片输出为视频文件或磁盘镜像文件。此处以刻录光盘镜像为例讲解。

05 在"卷标"文本框中输入卷标名称，该名称的长度应该限制在 32 个字符以内，勾选"创建光盘镜像"复选框。

06 单击"创建光盘镜像"后的按钮，在弹出的"另存为"对话框中，选择合适的保存位置，单击"保存"按钮。

07 设置完成后，单击"刻录"按钮开始刻录。若是初次使用刻录功能会弹出提示对话框。

08 单击"确定"按钮，即可开始刻录。刻录完成会弹出提示对话框。

11.4 导出到移动设备

　　会声会影 X4 提供了导出到移动设备的功能，可以将创建的视频影片导出到 PSP、基于 Windows 的移动设备、SD（Secure Digital）卡等移动存储设备中。导出视频到移动设备的具体操作如下。

01 打开要导出到移动设备的项目文件，然后单击按钮切换到分享步骤中。

02 单击"导出到移动设备"按钮，在弹出的菜单中根据需要选择合适的输出格式。

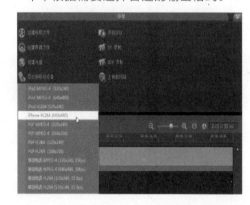

03 随后会弹出"将媒体文件保存至硬盘 / 外部设备"对话框，在"文件名"文本框中输入要保存的文件名称，并选择要导出到的移动设备名称。

04 单击"设置"按钮，在弹出的"设置"对话框中可以设置导出文件的路径。

05 设置完成后单击"确定"按钮，返回"将媒体文件保存至硬盘/外部设备"对话框，然后单击"确定"按钮开始渲染文件。渲染完成后文件会保存到指定路径中并出现在视频素材库中。

随着互联网技术的发展，网络已经成为分享影片的最佳方式。利用会声会影 X4 提供的直接将视频文件保存到网页的功能，可以轻松地制作视频网页。但是在使用互联网分享视频时，由于受到文件大小和传输速率的限制，用户需要选择适当的视频格式和压缩率，只有这样才可以生成质量高、尺寸小的视频文件。

在创建了适合发布到互联网上的影片后，会声会影 X4 可以协助生成 HTML 代码文档，将视频发布到网页上。具体操作步骤如下。

01 打开需要导出为网页的素材文件"鹿邑风光 .vsp"，然后切换至分享步骤。

02 单击"分享"选项卡中的"创建视频文件"按钮，选择"WMV>Smartphone WMV（220×176, 15 fps）"菜单命令。

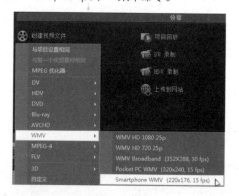

03 弹出"创建视频文件"对话框，选择文件保存的路径，在"文件名"文本框中输入文件名称。

04 单击"保存"按钮，系统自动对影片进行渲染。

05 渲染完成后，选择"文件 > 导出 > 网页"命令。

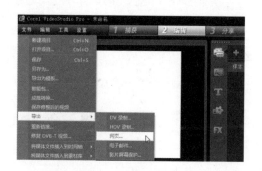

06 随后会弹出"网页"对话框，询问是否要使用 Microsoft's ActiveMovie 控件。

提示

ActiveMovie 控件

ActiveMovie控件是用于Internet浏览器的小外挂插件，用户必须安装此插件。如果单击"否"按钮，那么生成的网页将仅包括链接到此影片的链接，而不包括影像文件。

07 单击"是"按钮弹出"浏览"对话框,在"查找范围"下拉列表中指定文件的存放路径,在"文件名"文本框中输入文件名。

08 单击"确定"按钮即会打开默认的浏览器,显示新生成的网页。

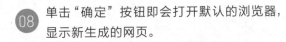

11.6 项目回放

"项目回放"选项用于将项目输出到录像带或 TV 以及 PC 监视器上,这样用户就可以在计算机或电视机上全屏幕预览影片。项目回放的具体步骤如下。

01 编辑完影片后单击 ③ 分享 按钮切换到分享步骤。

02 单击"项目回放"按钮 弹出"项目回放－选项"对话框。

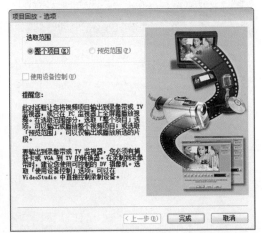

03 设置完成后单击"完成"按钮,影片即开始在选择的设备上回放。

提示 "项目回放－选项"对话框的介绍

如果在项目中设定了回放范围,"预览范围"单选按钮将处于可用状态。

如果计算机与摄像机的连接正确,"使用设备控制"复选框将成为可用状态,选中后将在摄像机上回放。

11.7 设置和使用刻录机

由于刻录机成本的降低，大部分用户的计算机都已安装了刻录机。下面将着重介绍刻录机的设置与使用。

11.7.1 刻录机的设置

在使用刻录机之前，用户可以根据自己的情况对刻录机进行设置，其具体操作如下。

01 单击"开始"菜单，执行"所有程序>Nero> Nero 10>Nero Express"菜单命令。

02 打开 Nero Express 程序主窗口，单击窗口左侧的扩展按钮。

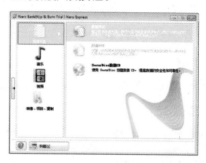

03 打开选项设置列表，单击"高级"选项组中的"选项"选项，打开"选项"对话框。

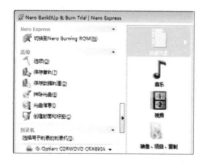

04 打开"缓存"选项卡，从中可以对高速缓存路径和Nero应保留的最小硬盘空间进行设置。系统默认的最小保留空间为16MB。

05 打开"超大缓存"选项卡，从中可定义 Nero Express 用作内存缓冲区的内存容量。超大缓存用于增大刻录机中的物理缓冲区。

06 打开"高级属性"选项卡，从中可以启用一次性光盘超刻、启用 DVD 超刻等。若设置错误，则可以单击"还原"按钮恢复。

打开"其它"选项卡，从中可以对常规用户界面、编辑创建以及刻录属性等相关选项进行设置。无论在哪个选项卡中进行了设置操作，在设置完成后单击"应用"按钮即可使设置生效。待所有设置操作完成后，单击"确定"按钮退出选项设置。

11.7.2 文件的刻录

对刻录机进行设置后，关闭扩展区域，返回到Nero Express主窗口，即可开始刻录各种类型的光盘。下面将依次对数据光盘的刻录与音乐光盘的刻录进行介绍。

1. 刻录数据光盘

数据光盘的刻录操作很简单，只需将所要刻录的内容添加至光盘中即可。具体操作如下。

01 打开Nero Express窗口，在左侧列表中选择"数据光盘"选项，之后在右侧区域中单击"数据光盘"图标按钮。

02 进入"光盘内容"页面，单击"添加"按钮，准备添加所要刻录的内容。

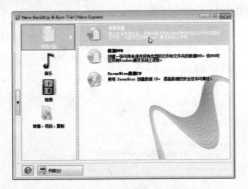

03 打开"添加文件和文件夹"对话框，从中选择刻录文件，然后单击"添加"按钮确认。选择结束后，单击"关闭"按钮。

04 返回到"光盘内容"页面，从中可以看到已经添加的文件。若添加错误，可以选择相应的文件，单击"删除"按钮将其删除。

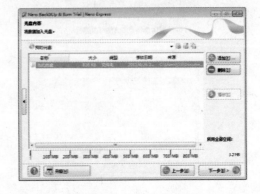

05 光盘内容设置完成后，单击"下一步"按钮，进入"最终刻录设置"页面，从中可以选择刻录机、为光盘命名等，设置完成后单击"刻录"按钮。

06 进入"刻录过程"页面，将会显示刻录的全过程。

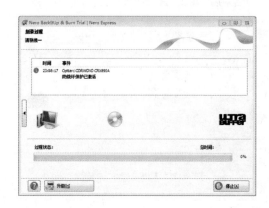

07 若刻录机内没有空白光盘，则系统会自动弹出光驱，并给出提示信息，要求插入空白光盘。

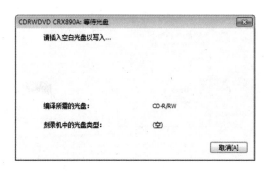

08 放入光盘，关上刻录机，系统将自动进行刻录。待刻录完成之后，刻录机将自动弹出，随后取下光盘并退出程序即可。

2. 刻录音乐光盘

音乐光盘的刻录与数据光盘的刻录过程相似，下面对其具体刻录过程进行介绍。

01 打开 Nero Express 窗口，在左侧列表中选择"音乐"选项，之后在右侧区域中单击"音乐光盘"图标按钮。

02 进入"我的音乐CD"页面，从中单击"添加"按钮，开始添加音乐文件。

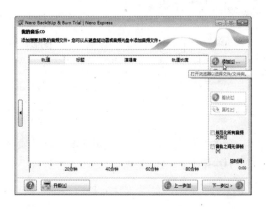

03 打开"添加文件和文件夹"对话框，从中选择所要刻录的音乐文件，单击"添加"按钮。待添加结束后，单击"关闭"按钮。

04 返回到"我的音乐CD"页面，其中显示了所有添加的音乐文件。设置完成后，单击"下一步"按钮。

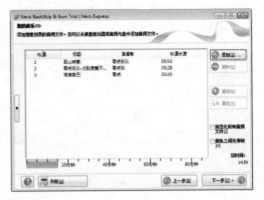

05 进入"最终刻录设置"页面，从中可以选择刻录机，添加音乐标题与演唱者，同时还可以设置刻录份数。

06 刻录设置完成后，单击"刻录"按钮，如果刻录机中无空白盘，系统将弹出提示信息并弹出刻录机，要求放入空白光盘。

07 放入空白光盘。关闭刻录机后，系统将开始刻录。

08 刻录完成后，系统将给出刻录成功提示信息，同时弹出刻录机。

09 单击"确认"按钮，进入如下图所示的页面，从中单击"下一步"按钮。

10 返回程序界面，根据需要进行选择，若不需再刻录，可以直接单击"关闭"按钮退出。至此，音乐CD刻录完成。

11.7.3 使用刻录机的注意事项

目前，很多用户都在使用刻录机，但是由于操作不当，也出现了很多问题，如无法刻录、刻录的光盘不能读取、刻录数据丢失，甚至更为严重的是"盘坏机死"。为了使广大用户用好刻录机，减少不必要的损失，下面对刻录机在使用时的注意事项进行介绍。

（1）刻录过程中不运行其他程序，以减少系统资源的消耗，保证刻录程序正常运行。

（2）尽量选用慢速刻录。若速度过快可能会造成读写数据的不稳定，从而导致刻录的数据中断，甚至有可能损坏光盘。

（3）要保证被刻录的数据连续。由于刻录机在刻录过程中，必须要有连续不断的资料供给刻录机刻录到光盘上，如果刻录机在缓冲区已空缺还得不到资料的情况下，就会导致刻录失败。

（4）硬盘的容量要大，速度要稳定。如今的光盘刻录机都是先将数据从硬盘上读入到刻录机的缓存，然后再从缓存中写到盘片上。因此，硬盘是否能稳定地传输数据对光盘刻录能否成功有极大的影响。

（5）避免长时间刻录。刻录机在工作的过程中，内部的激光头高速运转，而且在刻录光盘时，激光头必须达到一定的功率才能够将盘片上的材料熔化，进行刻录工作。若长时间进行刻录，则有可能导致刻录出错甚至损坏光盘。

（6）刻录之前要关闭省电功能。如果在刻录过程中，启用了省电功能，就有可能导致计算机突然失去响应而停止工作，从而损坏盘片。

（7）刻录前最好先进行测试。在测试的过程中，可能会发现问题，用户可以及时采取调整措施，如降低刻录的速度等，直到故障全部排除为止。

（8）用自己熟悉的刻录软件。随着刻录机的普及，刻录软件也得到了迅速发展。一些较差的软件，通常为了提高刻录速度大量占用缓存空间，从而导致烧坏盘片。

（9）让刻录机处于通风状态。由于刻录机在工作的过程中会产生大量的热量，因此要把刻录机放在一个通风良好的地方，保证它具有良好的散热性，以便确保刻盘的成功率。

Q: 会声会影X4在输出视频时为什么会自动退出，或提示"不能渲染生成视频文件"？

A: 出现此种情况的原因多数是程序与第三方解码或编码插件发生冲突造成的。导出视频文件时，可以先卸载掉第三方解码或编码插件，然后渲染生成视频文件。

Q: YouTube是什么网站？

A: YouTube网站是一个视频分享网站，使用者可以通过该网站上传、观看及下载视频短片，是目前比较受欢迎的在线视频网站。

Q: 如何创建项目文件中的部分内容为视频文件？

A: 项目文件制作完毕后，切换到分享步骤，拖动导览区中的修整标记至要保存的位置，然后在"分享"选项卡中选择要保存的文件类型，弹出"创建视频文件"对话框。单击"选项"按钮，弹出"Corel VideoStudio Pro"对话框，单击选中"预览范围"单选按钮，然后单击"确定"按钮，返回"创建视频文件"对话框，单击"保存"按钮即可完成操作。

Q: 什么是Blu-ray Disk？

A: Blu-ray Disc，即蓝光光碟，简称BD，是继DVD之后的下一代光盘格式之一，用以存储高品质的影音以及高容量的数据存储。

Q: 一张4.7GB的DVD光盘，能刻录多长时间的视频？

A: 一张4.7GB的DVD光盘在刻录常用的DVD格式的视频文件时，可以刻录70分钟左右的内容，但是如果用户所刻录的文件质量较高，刻录的时间会短一些。

Q: 刻录的光盘文件的清晰度与选择的光盘和刻录机是否有关？

A: 光盘文件刻录后的清晰度与光盘和刻录机没有必然关联，而是与拍摄的素材以及编辑后选择的压缩方式有关。

Q: 当刻录的文件容量超过光盘的容量时，采用压缩方式刻录，会不会影响节目质量？

A: 采用压缩方式刻录光盘，可以增加时长，但这样会降低节目质量。如果对质量要求较高，可以刻录成两张光盘。

Q: 为什么在会声会影X4中刻录光盘时，选择了要刻录的文件后，单击"下一步"按钮，直接进入了"预览界面"？

A: 这是因为用户没有选择"创建菜单"功能。选择了要刻录的文件后，勾选"添加媒体"选项组下方的"创建菜单"复选框，然后单击"下一步"按钮即可进入主题菜单编辑界面。

知识拓展　安装 Nero 10 刻录软件

在安装前应首先获取 Nero 10 的安装文件，获取方法有两种：一是购买正版的安装文件，二是从官方网站中下载试用版。

步骤 1 双击下载的安装程序，开始解压缩文件。此时会在标题栏中显示解压缩的进度。

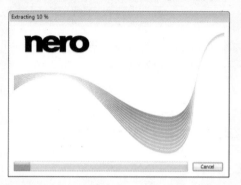

步骤 2 解压缩操作完成之后，进入安装向导。系统将给出提示，提示用户所要安装的组件。

步骤 3 单击"安装"按钮，开始组件项目的安装。

步骤 4 所需组件安装完成后，将进入如下界面，从中选择安装 Nero Ask Toorlbar 工具条等。

步骤 5 单击"下一步"按钮，进入 Nero Multimedia Suite 10 的准备安装界面，其中会以进度条显示安装进度。

步骤 6 随后系统将自动进入 Nero Multimedia Suite 10 的欢迎界面，在此单击"下一步"按钮。

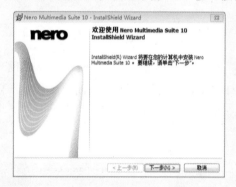

步骤 7 进行"序列号验证"页面，从中可以更换序列号，以使自己的 Nero 应用程序可以永久使用。

步骤8 待序列号输入完成后，单击"下一步"按钮，进入"许可证协议"页面，选择"我接受许可证协议中的条款"单选按钮。

步骤9 单击"下一步"按钮，进入"安装类型"页面，根据需要选择安装类型。

步骤10 单击"下一步"按钮，进入如下图所示的"Nero产品提高计划"页面，从中进行相应的设置。

步骤11 单击"下一步"按钮，阅读其中的提示信息，单击"安装"按钮。

步骤12 之后开始安装，整个过程需要十几分钟时间，用户需耐心等待。

步骤13 安装完成后，系统将出现完成页面。在此，单击"完成"按钮结束安装。

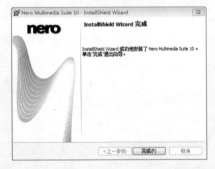

步骤14 单击"开始"菜单，从中可以查看到上述安装过程中所安装的所有组件。

宝宝成长相册

本章内容简介

用会声会影 X4 为宝宝做一个电子相册，见证孩子的每一个成长里程碑，记录宝宝成长点滴。本章通过制作电子相册的实例，详细地介绍了编辑过程中的注意事项和使用技巧，以使用户能够制作出精美的电子相册。

通过本章学习，用户可了解

① 制作影片片头

② 编辑影片

③ 添加背景音乐

④ 刻录光盘

在进行素材的编辑之前可以先设置项目的属性,这样可以系统地对素材进行编辑。设定项目属性的具体步骤如下。

01 启动会声会影 X4,进入会声会影 X4 界面。

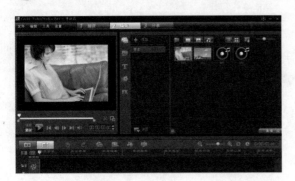

02 选择"设置 > 项目属性"菜单命令。

03 弹出"项目属性"对话框,在"编辑文件格式"下拉列表中选择"MPEG files"选项。

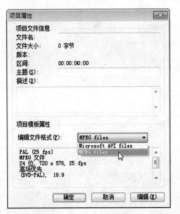

04 单击 编辑(E) 按钮,弹出"项目选项"对话框。

05 切换到"压缩"选项卡中,在"介质类型"下拉列表中选择 PAL DVD 选项。

06 用户还可以根据自己的需要调整其他选项,设置完成后单击"确定"按钮返回"项目属性"对话框,单击"确定"按钮完成项目属性的设置。

07 执行"文件 > 保存"菜单命令，打开"另存为"对话框。

08 从中设置项目的保存路径、文件名，然后单击"保存"按钮即可。

12.2 制作片头

　　一般电子相册都具有一个主题鲜明的片头，用来说明电子相册的内容。片头的具体制作步骤如下。

01 进入会声会影 X4，执行"文件 > 将媒体文件插入到时间轴 > 插入视频"命令。

02 弹出"打开视频文件"对话框，选择需要打开的视频素材"片头素材 .mpg"。

03 单击"打开"按钮，即可将视频素材导入到时间轴面板的视频轨中。

04 拖动飞梭栏到需要添加标题的合适位置。

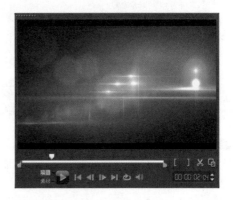

05 在标题轨中单击"标题"按钮，切换至"标题"选项卡，此时可在预览窗口中看到"双击这里可以添加标题"字样。

06 在预览窗口中双击鼠标，然后输入"宝宝成长相册"字样。

07 在"编辑"选项卡的"区间"数值框中将字幕显示的时间长度调整为 3 秒。

08 选中标题文字，在"编辑"选项卡中设置字体、字体大小、字体颜色等选项。

09 单击"边框 / 阴影 / 透明度"按钮■，打开"边框 / 阴影 / 透明度"对话框，勾选"外部边界"复选框，从中设置"边框宽度"、"线条色彩"、"文字透明度"、"柔化边缘"等选项。

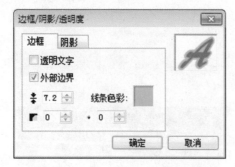

10 切换至"阴影"选项卡，单击"光晕阴影"按钮，再依次设置"强度"、"光晕阴影色彩"、"光晕阴影透明度"、"柔化边缘"选项，最后单击"确定"按钮。

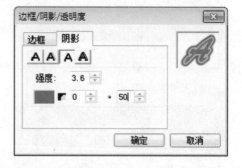

11 在标题轨中标题文件上双击，选中标题文字，单击"对齐"选项下的"居中"按钮，将标题居中。

12 切换到"属性"选项卡中，选中"动画"单选按钮和"应用"复选框，然后在"类型"下拉列表中选择"翻转"选项。

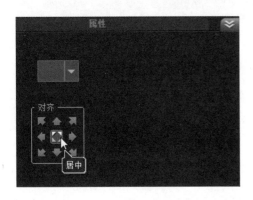

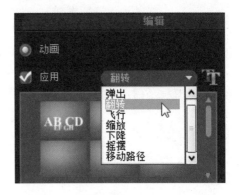

(13) 从预设下拉列表框中选择第3种预设效果，单击"自定义动画属性"按钮 🔳，弹出"翻转动画"对话框。在"进入"下拉列表中选择右，在"离开"下拉列表中选择左，在"暂停"下拉列表中选择短，然后单击"确定"按钮。

(14) 在预览窗口中单击 ▶ 按钮可以预览标题效果。

(15) 将时间线移动到标题文件"宝宝成长相册"的结尾部分。

(16) 在预览窗口中双击鼠标，然后输入"2011.6.1"字样。

(17) 标题文字的属性保持和前面一样的设置，然后切换到"属性"选项卡中，选中"动画"单选按钮和"应用"复选框，然后在"类型"下拉列表中选择"摇摆"选项，从预设列表框中选择第一个预设值。

(18) 单击"自定义动画属性"按钮 🔳，弹出"摇摆动画"对话框。在"暂停"下拉列表中选择"短"选项，在"摇摆角度"下拉列表中选择"4"选项，在"进入"下拉列表中选择"上"选项，在"离开"下拉列表中选择"下"选项，然后单击"确定"按钮。

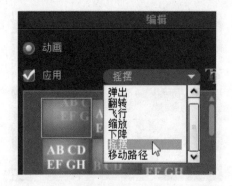

19 在预览窗口中单击标题将其选中，标题的周围会出现 8 个黄色控制点和 1 个绿色控制点。

20 拖动黄色控制点改变标题文字的大小。在标题文字上按住鼠标左键并拖动可以移动标题文字的位置。

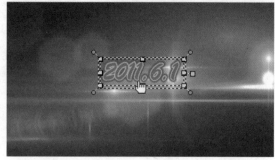

21 在标题轨中调整标题文件"2011.6.1"的长度，使其结尾部分与视频素材的结尾部分在同一位置。

22 切换到分享步骤，然后单击"创建视频文件"按钮🔲，在弹出的菜单中选择"与项目设置相同"命令。

23 打开"创建视频文件"对话框，在"保存在"下拉列表中选择视频文件的保存路径，在"文件名"文本框中输入要保存的文件名"片头"，然后单击"保存"按钮即可。

24 保存后的文件缩略图会显示在素材库列表中，下次使用时直接拖动到视频轨中即可。

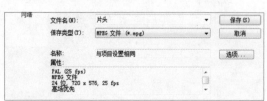

制作好片头后就可以导入图像文件，编辑电子相册的主体部分了。使用会声会影可以将静止的图像制作出动态效果。编辑图像素材的具体步骤如下。

01 进入会声会影 X4，选择"设置>参数选择"菜单命令，在"编辑"选项卡中，将"默认照片/色彩区间"的值设置为10。

02 设置完成后单击"确定"按钮，选择"文件 > 将媒体文件插入到时间轴 > 插入照片"命令。

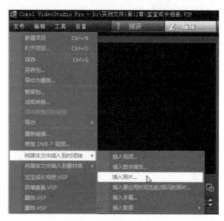

03 在弹出的"浏览照片"对话框中选中要添加的图像文件。

04 单击"打开"按钮即可将素材导入到时间轴中。

05 单击"故事板视图"按钮，然后根据需要调整素材在视频轨中的位置。选中第一幅图像，按住鼠标左键并拖动到合适位置后释放鼠标即可。

06 用同样的方法调整其他素材的位置，然后选中第一幅图像。

07 在"照片"选项卡中选中"摇动和缩放"单选按钮。

08 单击"自定义"按钮，弹出"摇动和缩放"对话框。

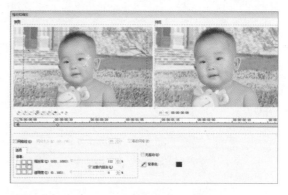

09 拖动时间轴上的滑块至合适位置，然后单击 按钮可以添加一个关键帧。

10 在"缩放率"数值框中输入160，在"透明度"数值框中输入20。

11 参照步骤9～10的方法添加另外的关键帧，并设置其缩放率和透明度。设置完成后，单击 按钮可以预览摇动和缩放的效果。

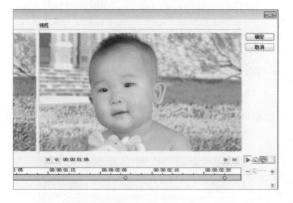

12 对预览效果满意后单击"确定"按钮保存设置即可。随后选中其他需要添加效果的照片，单击"摇动和缩放"单选按钮，单击下拉按钮，选择不同的预设效果。

12.4 添加滤镜

应用滤镜能够将特殊的效果添加到素材上，从而改变素材的样式和外观，使影片更具观赏性。添加滤镜的具体步骤如下。

01 单击"滤镜"按钮 ，切换至"滤镜"选项卡。

02 单击素材库上方的"画廊"下拉按钮，从中选择"相机镜头"选项，然后将其下方的"星形"滤镜拖曳到素材第1个照片上。

03 释放鼠标后滤镜效果就会被添加到素材上，选中该素材并单击 ▶ 按钮可以预览效果。

04 单击"选项"按钮，在"属性"选项卡中会显示当前滤镜的预设效果和可以调整的参数。

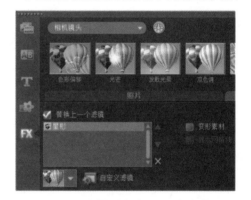

05 单击 ▶ 按钮，在弹出的预设效果列表中选择第2个预设效果。随后单击"自定义滤镜"按钮 ，打开"星形"对话框。

06 设置星形色彩为白色，太阳大小为60，光晕大小为80，星形大小为20，星形宽度为1，阻光度为80。

07 单击"添加星形"按钮增加一个星形，在原图中，移动鼠标至白色的十字标志上，当光标变成手形时拖动改变星形的位置，并设置其属性。

08 单击 ▶ 按钮可预览该效果，满意后单击"确定"按钮保存。用同样的方法可以为其他素材添加不同效果的滤镜。

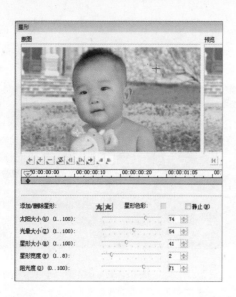

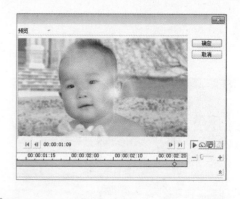

添加/删除星形: ★★   星形色彩: ▢   ☐静止(U)

太阳大小(U)(1..100): ──────○── 74 ⬍

光晕大小(C)(1..100): ────○──── 54 ⬍

星形大小(U)(1..100): ──○────── 41 ⬍

星形宽度(U)(1..8): ──○────── 2 ⬍

阻光度(U)(0..100): ────○──── 71 ⬍

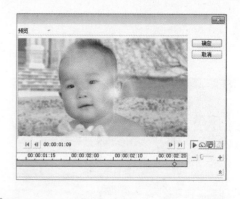

提示

移动星形位置

把光标放在原图中的十字标志╬上，当光标变成手形🖐时，拖曳鼠标，可以改变星形的位置。

12.5 应用转场

在图像素材之间也可以应用转场来进行过渡，应用转场可以使素材之间的过渡更加自然且富于变化。应用转场的具体步骤如下。

01 在素材库中单击"转场"按钮▣，切换至"转场"素材库，单击"画廊"下拉按钮，在弹出的下拉列表中选择"相册"选项。

02 随后会打开"相册"转场样式，在其中选择"翻转"转场效果，然后将其拖放到素材1和素材2之间的空白处。

03 释放鼠标后转场效果即可添加到时间轴上，选中该转场并单击▶按钮可预览其效果。

04 "转场"选项卡中会显示当前转场的预设值和可以调整的参数。

05 在选项卡的"区间"数值框中将转场效果的持续时间调整为 2 秒。

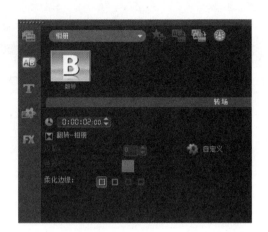

06 单击"自定义"按钮 ▓，打开"翻转 – 相册"对话框，从中自定义相册转场的各项参数。

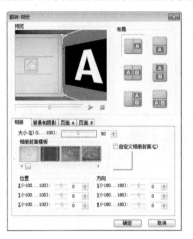

07 在"相册"选项卡中将"大小"数值框的数值调整为15，然后选择合适的相册封面模板。

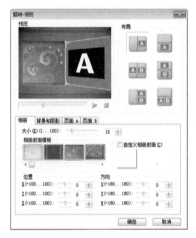

08 切换到"背景和阴影"选项卡中进行相应的设置。用户可根据自己的需要进行设置。

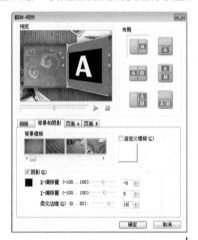

09 切换到"页面 A"选项卡中，选择合适的相册页面模板，然后进行相应的设置。

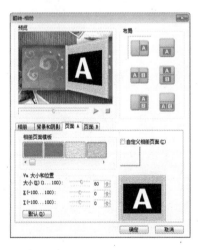

10 切换到"页面 B"选项卡中，选择合适的相册页面模板，然后进行适当的设置。

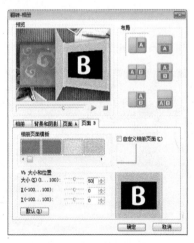

12.5
应用转场

11 单击 按钮预览设置的相册效果,满意后单击"确定"按钮保存设置。

13 单击"自定义"按钮，打开"闪光-闪光"对话框,设置"淡化程度"、"光环亮度"、"光环大小"、"对比度"等选项,并勾选"当中闪光"和"翻转"复选框。

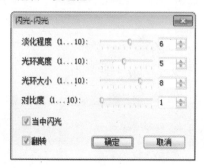

12 单击"画廊"下拉按钮,在下拉列表中选择"闪光"选项。并将"闪光"转场效果拖放到素材2和素材3之间的空白框内。

14 单击"播放"按钮,在预览窗口中预览添加的转场效果。用同样的方法为其他素材之间添加转场,效果可以保持默认设置也可以根据自己的需要进行设置。

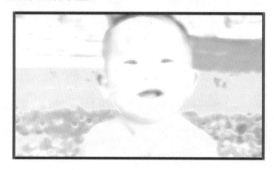

12.6 添加背景音乐

在制作影片时,为影片添加适当的背景音乐可以烘托影片气氛。在本节,用户要注意如何控制音频素材的长度,使之与视频素材完美结合。为影片添加背景音乐的具体步骤如下。

01 在音乐轨的空白处右击,在右键菜单中选择"插入音频>到音乐轨#1"命令。

02 打开"打开音频文件"对话框,选择"背景音乐.mp3",然后单击"打开"按钮。

03 "背景音乐.mp3"将被添加到音乐轨上，然后在选项卡中单击"淡入"按钮。

04 拖曳飞梭栏与视频素材的右边界对齐。选择"背景音乐.mp3"，然后单击导览区中的"按照飞梭栏的位置分割素材"按钮。

05 单击选中音乐轨上新出现的"背景音乐.mp3"，按Delete键将其删除。

06 单击音乐轨上的"背景音乐.mp3"，然后单击"音乐和声音"选项卡中的"淡出"按钮。至此完成主体部分背景音乐的添加。

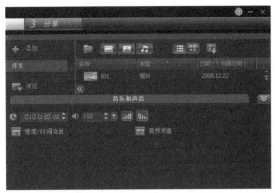

12.7 添加影片字幕

影片中的说明性文字能够有效地帮助观众理解影片，尤其是在只有音乐没有对话和旁白的电子相册中，文字可以说明主题。下面为影片添加字幕。

01 单击素材库中的"标题"按钮切换到标题编辑状态。

02 拖动飞梭栏到需要添加字幕的位置，在预览窗口中双击鼠标进入标题编辑状态，然后输入"天真无邪"字样。

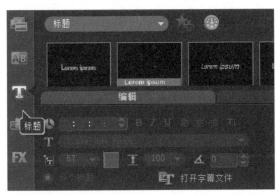

03 选中字幕文字，在右侧的"编辑"选项卡的"字体"下拉列表中选择方正卡通简体，在"字体大小"下拉列表中选择60，然后设置颜色为黄色。

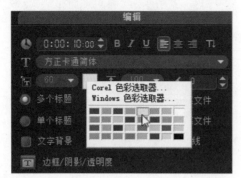

04 单击"边框／阴影／透明度"按钮■，在弹出的"边框／阴影／透明度"对话框中将"边框宽度"数值框中的数值设置为1.0，将"文字透明度"数值框中的数值设置为10，然后设置颜色为粉蓝色。

05 切换到"阴影"选项卡中，单击"光晕阴影"按钮 A，然后将"强度"数值框中的数值设置为20.0，"光晕阴影透明度"数值框中的数值设置为70，"光晕阴影柔化边缘"数值框中的数值设置为50，并设置颜色为蓝色。

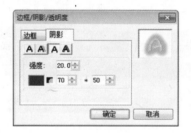

06 单击"确定"按钮保存设置，然后在预览窗口中单击字幕文字以外的区域就可以看到设置的文字效果了。

07 拖动字幕文件，改变其在预览窗口中的位置。

08 切换到"属性"选项卡中，选中"动画"单选按钮，并勾选"应用"复选框。

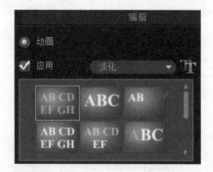

09 在"类型"下拉列表中选择"弹出"选项，并从预设列表框选择第二个预设效果。

10 单击"自定义动画属性"按钮■，弹出"弹出动画"对话框，在"方向"选项中，单击向下按钮↓。

⑪ 单击"确定"按钮保存设置，然后在导览区中单击▶按钮预览动画效果。选中标题轨中的字幕文件。

⑫ 将光标放在当前选中标题的右端，当光标变成↔时，向左拖动边缘黄色条，使之与第1个图像素材的结束位置重合。

⑬ 用同样的方法，在其他位置处添加字幕并调整其属性。随后切换到分享步骤。

⑭ 单击"创建视频文件"按钮，在下拉菜单中选择"与项目设置相同"命令。打开相应的对话框，对文件进行保存。

12.8 制作影片片尾

制作影片片尾是影片主体制作的最后一步，片尾制作完成后，将素材按顺序编排好就可以导出影片了。制作影片片尾的具体步骤如下。

① 在视频轨中添加"片尾素材.jpg"。

② 在"照片"选项卡的"照片区间"数值框中将时间码调整为15秒。

03 在素材库中单击"滤镜"按钮，切换至"滤镜"素材库，然后在Core FX滤镜组中选择"FX涟漪"滤镜并将其拖放到视频轨上。

04 单击覆叠轨按钮■，然后在时间轴中右击，在弹出的快捷菜单中选择"插入视频"命令。

05 弹出"打开视频文件"对话框，选择"片尾素材2.swf"，然后单击"打开"按钮。

06 在"编辑"选项卡的"视频区间"数值框中将时间码调整为15秒。

07 在预览窗口中的覆叠素材上右击，在弹出的快捷菜单中选择"停靠在底部 > 居左"命令，调整覆叠素材的位置。

08 单击素材库中的"标题"按钮■，在预览窗口中双击鼠标进入标题的编辑状态，然后输入文字"留住美好时刻"。

09 按下Enter键，输入"留住童年记忆"，再次按下Enter键输入"向激情未来出发"。

10 在预览窗口中文字外的区域中单击鼠标，文字的周围会出现控制点。

11 拖动字幕文件，将其移动到预览窗口合适的位置。

12 将"编辑"选项卡的"区间"数值框中的数值调整为 15 秒。

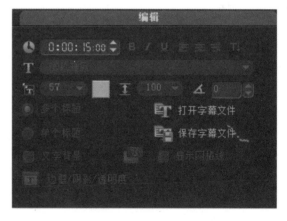

13 切换到"属性"选项卡中，选中"动画"单选按钮，并勾选"应用"复选框。然后在"类型"下拉列表中选择"淡化"选项，并在预设列表框中选择第1个预设效果。

14 单击"自定义动画属性"按钮，在弹出的"淡化动画"对话框的"单位"下拉列表中选择文字，在"暂停"下拉列表中选择长，在"淡化样式"选项组中选中"交叉淡化"单选按钮。

15 单击"确定"按钮保存设置，然后在导览区中单击▶按钮预览动画效果。

16 在时间轴中右击，在弹出的快捷菜单中选择"插入音频>到声音轨"。

17 在弹出的"打开音频文件"对话框中，选择"背景音乐 2.wma"，单击"打开"按钮。接着选中刚插入的音频素材。

18 在"音乐和声音"选项卡中，设置音频素材的区间为15秒，分别单击"淡入"和"淡出"按钮，为音频设置淡入淡出效果。

19 单击 3 分享 按钮切换到分享步骤，单击"创建视频文件"按钮，在弹出的快捷菜单中选择"与项目设置相同"菜单命令。

20 打开"创建视频文件"对话框，设置文件的保存路径即文件名，然后单击"保存"按钮即可。

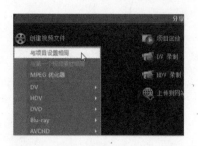

12.9 合成和分享影片

将影片的片头、主体和片尾部分结合起来，然后输出为视频文件或者刻录成光盘，就可以与朋友分享了。具体的操作步骤如下。

01 启动会声会影 X4，选择"文件 > 将媒体文件插入到时间轴 > 插入视频"菜单命令。

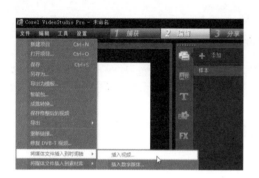

02 打开"打开视频文件"对话框，从中选择视频素材"片头 .mpg"、"宝宝成长相册 .mpg"和"片尾 . mpg"。

03 单击"打开"按钮，即可将素材添加到视频轨上。随后调整个文件的前后顺序。

04 切换到分享步骤，单击"项目回放"按钮，打开相应的对话框。

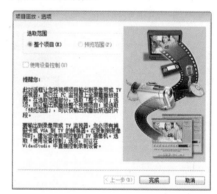

05 选中"整个项目"单选按钮，然后单击"完成"按钮开始播放项目。

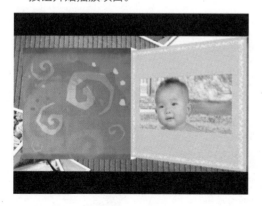

06 对效果满意后单击"创建光盘"按钮，弹出菜单选择DVD命令，打开创建光盘界面。

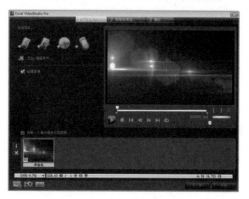

07 单击"下一步"按钮进入模板选择页面。在
"画廊"选项卡中单击▼按钮，在弹出的下拉
列表中选择"全部"选项。

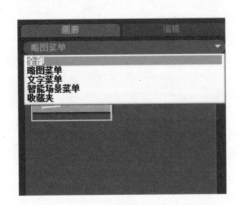

08 随后在模板库中会显示全部的场景模板。单
击想要使用的模板，系统会自动地将选中的
模板应用到视频中。

09 切换到"编辑"选项卡中。单击▇按钮，在
弹出的菜单中选择"为此菜单选取音乐"菜
单命令。

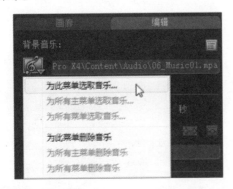

10 随后会弹出"打开音频文件"对话框，从中
选择背景音乐。选中音乐后单击▶按钮可
以试听音乐效果，最后单击"打开"按钮。

11 单击▇按钮，在弹出的菜单中选择"为此菜
单选取背景图像"菜单命令，打开"打开镜像
文件"对话框，选择"DVD 背景 .jpg"图像文件后
单击"打开"按钮。

12 在预览窗口中双击修改标题。然后单击"预
览"按钮▇进入预览页面。

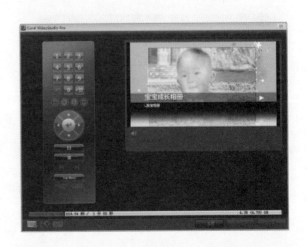

13 单击预览窗口中的主题名称或播放按钮可以预览主题内容。

14 如果对效果不满意，可以单击"后退"按钮返回到前面进行重新设置；如果对效果满意，可单击"下一步"按钮进入光盘刻录界面。

15 如果没有安装刻录机或暂时没有空白光盘，可以将其先创建为 DVD 文件夹或光盘镜像。取消"创建光盘"复选框，选中"创建 DVD 文件夹"复选框，然后单击█按钮。

16 在弹出的"浏览文件夹"对话框中选择保存路径。设置完成后，单击"确定"按钮返回输出界面。

17 单击█按钮会弹出提示对话框，单击"确定"按钮开始渲染。渲染过程将以进度条的形式显示出来。

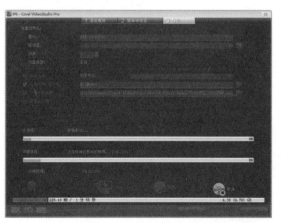

18 渲染完成会弹出提示对话框，最后单击"确定"按钮将其关闭即可。

Chapter

13

幸福万年长

本章内容简介

婚礼摄像是婚礼中极重要的部分，每一个珍贵镜头都不容错过。其后期的视频处理
也非常重要。本章详细地介绍了婚礼摄像后期处理技巧，包括灰暗视频的处理、完
美的转场等。

通过本章学习，用户可了解

① 灰暗视频处理

② 添加覆叠效果

③ 完美转场效果

影片制作之前需要进行分析、思考和规划，做好准备，这样可以大幅度地提高影片制作的效率。本实例制作一部婚礼视频，用户在制作中要注意根据场景的变化，考虑用什么样的字幕，配什么样的背景音乐等。

本实例的制作思路如下。

（1）确定影片的主题：影片命名为"幸福万年长"，通过记录婚礼的一系列片段，表现出婚礼的温馨浪漫，见证新郎新娘永结同好的永久一刻。

（2）划分影片的顺序：影片记录了整个婚礼的基本过程，根据影片拍摄的时间，划分影片的各个组成部分。

（3）策划影片的模板：本影片是婚礼记录影片，应选择平淡的转场特效，使各个场景平滑地过渡，以突出纪实效果。

本实例完成后效果如下。

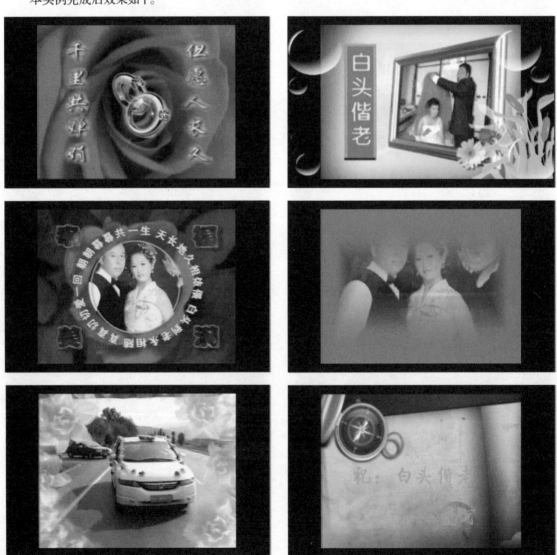

13.2 系统设置

在开始制作影片之前，应对系统的参数进行设置，明确最后输出影片的格式。因为 DVD 格式效果比较好，所以采用 DVD 格式保存影片。

01 打开会声会影X4，选择"设置>项目属性"菜单命令。

02 打开"项目属性"对话框，单击"编辑"按钮，以打开"项目选项"对话框。

03 选择"压缩"选项卡，在"介质类型"下拉列表中选择"PAL DVD"选项，单击"确定"按钮。

04 返回"项目属性"对话框，在"编辑文本格式"下拉列表中选择"MPEG files"选项，最后单击"确定"按钮。

05 选择"设置>参数设置"菜单命令，打开"参数选择"对话框。

06 选择"编辑"选项卡，在"转场效果"选项组中，选中"自动添加转场效果"复选框，单击"确定"按钮。

07 选择"文件 > 保存"菜单命令，打开"另存为"对话框。

08 在"文件名"文本框中输入"幸福万年长"，在"主题"文本框中输入"我的婚礼记录"，再选择文件的保存路径，最后单击"保存"按钮，完成系统的设置操作。

13.3 导入素材

完成系统设置以后，接下来可以将所需的视频素材导入到会声会影 X4 中进行编辑。建议把所需素材放在一个文件夹中，这样便于查找和编辑。

01 打开会声会影 X4。单击"时间轴视图"按钮，切换到"时间轴视图"模式。

02 在视频轨上右击，然后在弹出的快捷菜单中选择"插入视频"菜单命令。

03 弹出对话框，打开"实例文件\第13章\原始文件"，选中所有的文件，单击"打开"按钮。

04 这样"原始文件"文件夹中所有的视频文件被添加到会声会影的视频轨上。

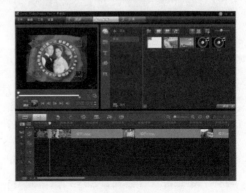

拖曳时间轴下方的条形滑块，找到视频轨上的"片头.mpg"，然后按住鼠标左键不放，将其拖至视频轨的最左端。用同样的方法，调整各素材在视频轨中的先后位置。

提 示

选择多个文件

在按住Ctrl键的同时单击文件，可以依次选择多个文件。

13.4 影片的编辑处理

素材导入后，接下来是对影片素材进行色彩编辑和添加滤镜等处理。

1. 视频素材的色彩调整

在视频轨中选中"婚庆8.mpg"素材，在预览窗口中可以看到，由于拍摄时天气不好，视频的色彩失真，比较灰暗，所以需要对其进行色彩调整。具体操作如下。

01 在视频轨中选中需要调整色彩的视频素材"婚庆8.mpg"。

02 单击"选项"按钮，弹出"视频"选项卡。

03 单击"色彩校正"按钮，然后勾选"白平衡"复选框，在"白平衡"选项组下，单击"阴暗"按钮。

04 勾选"自动调整色调"复选框，并单击其右侧的下拉按钮，在弹出的菜单中选择"较亮"命令。

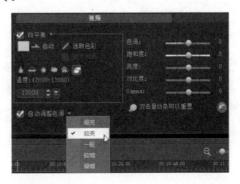

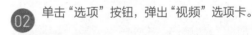

261

13.4
影片的编辑处理

2. 静音视频素材

由于在拍摄过程中环境比较复杂，造成背景声音嘈杂，而且这些声音对于整个视频来说，并没有起好的作用，所以可以对其进行静音操作，使其不影响整体视频效果。

01 在视频轨中选中需要静音的视频素材"婚庆5.mpg"。

02 单击"选项"按钮，弹出"视频"选项卡。

03 在"视频"选项卡中单击"静音"按钮。或直接右击视频素材，在弹出的快捷菜单中选择"静音"菜单命令。

04 在视频轨中选中"婚庆5.mpg"，然后单击预览窗口中的"播放"按钮，可以预览静音后的效果。

3. 添加滤镜

添加合适的特效，会带来很好的视觉效果。本实例利用"肖像画"滤镜为影片添加了羽化效果，画面朦胧，让人耳目一新。

01 单击"滤镜"按钮，切换至"滤镜"选项卡，单击素材库上方的"画廊"下拉按钮。

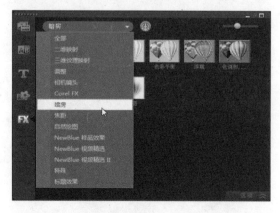

02 在弹出的下拉列表中选择"暗房"选项，在素材库中将显示相应的滤镜效果。

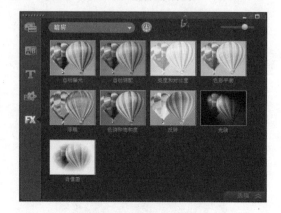

03 选择"肖像画"滤镜效果，将其拖至时间轴中的素材上方，释放鼠标，滤镜效果被成功添加到素材上。

04 单击"选项"按钮，打开"属性"选项卡，单击"自定义滤镜"按钮。

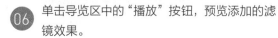

05 打开"肖像画"对话框，设置"镂空遮罩色彩"为红色、形状为方形、柔和度为40。

06 单击导览区中的"播放"按钮，预览添加的滤镜效果。

13.5 制作转场效果

添加并处理好视频素材后，下面在各个素材之间添加转场效果，使不同的素材之间实现平滑过渡。

01 单击素材库中的"转场"按钮，切换至"转场"素材库。

02 单击时间轴中的"故事板视图"按钮，切换至"故事板视图"模式。

03 在"转场"选项卡中,单击"画廊"下拉按钮,
选择"3D"选项。

04 在素材库中显示"3D"类型的转场效果。

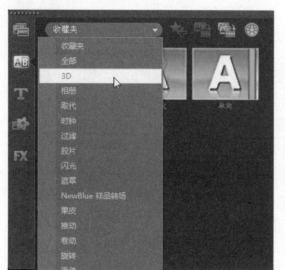

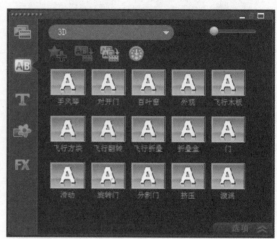

05 将素材库中的"手风琴"转场效果拖曳至故事
板中的"第1个"与"第2个"素材之间。

06 选中转场效果,在"转场"选项卡中,设置区
间时间为3秒,方向为由左到右。

07 单击导览区中的"播放"按钮,预览"手风琴"
转场效果。

08 在"转场"选项卡中,单击"画廊"下拉按钮,
选择"过滤"选项。

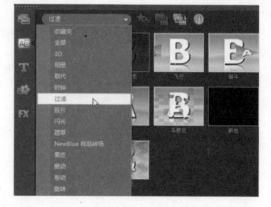

09 在素材库中显示"过滤"类型的转场效果。

10 将素材库中的"镜头"转场效果拖至故事板中的"第2个"与"第3个"素材之间。

11 选中转场效果，在"转场"选项卡中，设置区间时间为3秒、边框值为2、色彩为白色、柔化边缘为强度柔化边缘、方向为从中央开始。

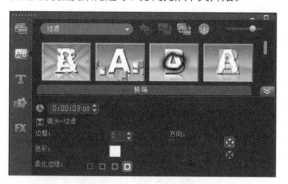

12 单击导览区中的"播放"按钮，预览"镜头"转场效果。用同样的方法，为其他素材添加不同的转场效果。

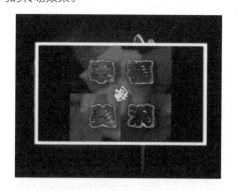

13.6 添加覆叠效果

本节主要给影片添加覆叠效果。在实例的操作过程中，要注意调整覆叠素材的大小和位置。灵活地运用覆叠素材，对制作出丰富多彩的视频效果，有着至关重要的作用。

1. 添加多条覆叠轨

在视频编辑过程中有时需要在同一时间应用两个及以上覆叠素材到覆叠轨中，所以就需要添加多条覆叠轨以满足编辑需要。

01 单击时间轴中的"轨道管理器"按钮。

02 弹出"轨道管理器"对话框，勾选"覆叠轨#2"复选框，单击"确定"按钮。

2. 添加色彩素材

在覆叠轨中添加色彩素材，可作为其他覆叠轨或标题轨的背景。

01 单击素材库中的"图形"按钮，切换至"图形"素材库。

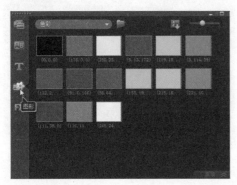

02 将"色彩"类型下的"黑色"色彩素材拖曳至覆叠轨1中的开头处。

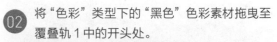

03 在"编辑"选项卡中设置色彩素材的区间长度为5秒。

04 在覆叠轨中双击选择色彩素材，然后在预览窗口中的色彩素材上右击，在弹出的快捷菜单中选择"调整到屏幕大小"命令。

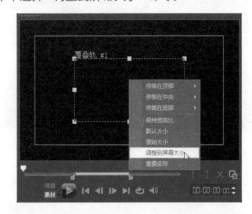

3. 添加覆叠素材

下面通过添加覆叠素材制作具有透明背景效果的视频。

01 单击"覆叠轨"按钮，然后在覆叠轨中右击，在弹出的快捷菜单中选择"插入视频"菜单命令。

02 在弹出的"打开视频文件"对话框中选择"星星.swf"文件，单击"打开"按钮。

03 在预览窗口中的星星素材上右击，在弹出的快捷菜单中选择"调整到屏幕大小"命令。

04 按照步骤 1 和 2 的方法将"花儿 .swf"添加至覆叠轨，然后拖曳调整其位置，将其开始位置与"婚庆 3.mpg"开头位置重合。

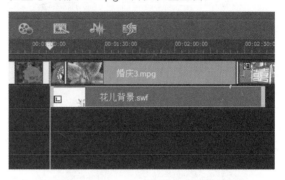

05 将光标放至覆叠素材的右端，当光标变成⇔状态时，向左拖曳，使其结束位置与"婚庆3.mpg"的结束位置重合。

06 在预览窗口中的花儿素材上右击，在弹出的快捷菜单中选择"调整到屏幕大小"命令。

07 将"星星 2.swf"插入覆叠轨 2 中，其开始位置与覆叠轨 1 中的"花儿背景 .swf"的开始位置对齐。

08 单击导览区中的"播放"按钮，预览添加覆叠素材后的视频效果。

13.7 制作标题效果

影片的标题和字幕主要用于影片内容、故事背景等介绍。在本节，用户需要注意给标题添加动画和滤镜的方法和技巧。

1. 片头标题

添加和设置片头标题的具体操作步骤如下。

01 将飞梭栏拖至项目的开头处，然后单击素材库中的"标题"按钮 ![T]，切换至"标题"选项卡，此时可在预览窗口中看到"双击这里可以添加标题"的字样。

02 在预览窗口中双击显示的字幕，然后输入"幸福万年长"。

03 在"编辑"选项卡中单击"字体"下拉按钮，在弹出的下拉列表框中选择"方正超粗黑简体"选项。

04 单击"字体大小"下拉按钮，在弹出的下拉列表中选择100。

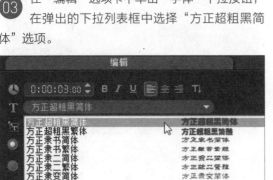

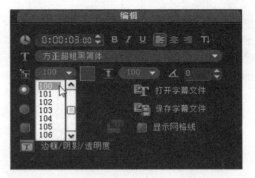

05 单击颜色色块，弹出颜色面板，选择粉红色。单击"边框/阴影/透明度"按钮 ![T]。

06 打开相应的对话框，从中勾选"外部边界"复选框，然后设置标题的边框宽度、透明度以及柔滑边缘等属性。

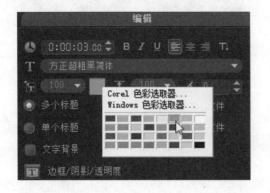

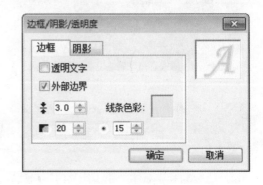

07 "边框 / 阴影 / 透明度"属性设置完成后，单击"确定"按钮返回。单击"对齐"选项中的"居中"按钮，使标题位置居中。

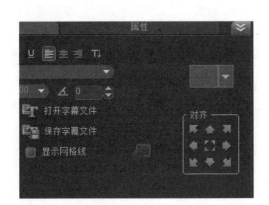

08 切换至"滤镜"选项卡，单击素材库上方的"画廊"下拉按钮，在弹出的下拉列表中选择"标题效果"选项。

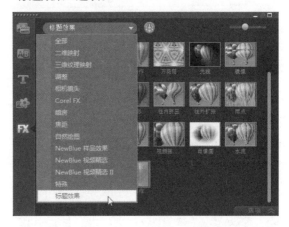

09 在素材中选择"缩放动作"滤镜效果，按住鼠标左键并拖曳至标题轨的标题上方。单击"选项"按钮，在弹出的"属性"选项卡中单击"自定义滤镜"按钮。

10 弹出"缩放动作"对话框。向右拖动滑块至第 4 帧处，单击"添加关键帧"按钮，添加第 2 个关键帧，然后将速度值调为 100。

11 继续向右拖动滑块至第 10 帧处，单击"添加关键帧"按钮，添加第 3 个关键帧，然后将速度值调为 20。

12 继续向右拖动滑块至 00:00:02:05 处，添加第 4 个关键帧，然后将速度值调为 1。最后预览片头标题效果。

2. 添加片尾标题

添加和设置片尾标题的具体操作步骤如下。

01 将飞梭栏拖至视频轨中"片尾 .mpg"文件的开头处。

02 单击"标题"按钮 **T**，切换至"标题"选项卡，此时可在预览窗口中看到"双击这里可以添加标题"的字样。

03 在预览窗口中双击显示的字幕，然后输入"祝：白头偕老 永浴爱河"。

04 在"编辑"选项卡中，单击数值框将区间时间设置为5秒。

05 单击"字体"下拉按钮，在弹出的下拉列表框中选择"方正启体简体"选项。

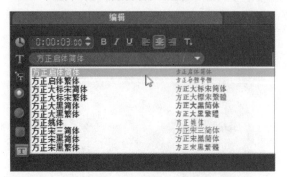

06 单击"字体大小"下拉按钮，在弹出的下拉列表中选择55。

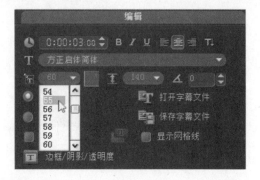

07 单击颜色色块，弹出颜色面板，选择粉红色。

08 在预览窗口中选中标题，当光标变为 形状时，拖动标题至合适位置。

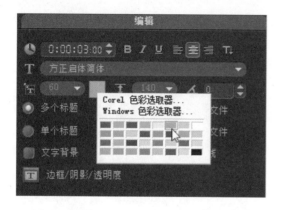

09 选中标题，切换到"属性"选项卡，然后选中"动画"单选框并勾选"应用"复选框。

10 单击"选择动画类型"下拉按钮，在弹出的下拉列表中选择"淡化"选项，在预设列表框中选择第 2 个选项。

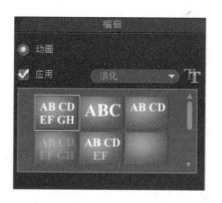

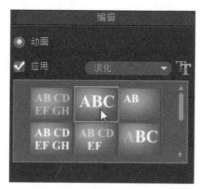

13.8 添加音频文件

在制作影片时，为影片添加适当的背景音乐可以加强影片的效果。在本节中，注意控制音频的长度，使之与视频素材完美结合。

01 在视频轨上单击"片头 .mpg"区域，然后在音乐轨上的空白处右击，选择"插入音频 > 到音乐轨 #1"菜单命令。

02 弹出"打开音频文件"对话框，从中选择"实例文件\第13章\原始文件\背景音乐.wma"，然后单击"打开"按钮。

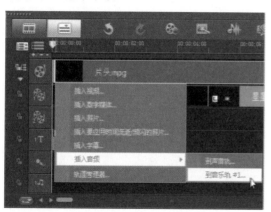

03 这样，"背景音乐.wma"将被添加到音乐轨中，然后在"音乐和声音"选项卡中单击"淡入"按钮。

04 按照步骤1~2的方法在音乐轨中多次插入音频文件，以适应整个项目长度。

05 选中最后一段音频素材，在黄色条上按住鼠标左键并拖动，改变音频素材的长度，使之与视频素材结束位置一致。

06 在"音乐和声音"选项卡中单击"淡出"按钮。

13.9 渲染输出影片

结婚是人生中最美好的事情，婚礼视频是最值得好好保存的，通过上述操作反复修改至满意后，可以通过分享步骤保存为视频文件。

1. 创建视频文件

01 切换至分享步骤，单击"创建视频文件"按钮，在弹出的菜单中选择"DVD>MPEG2（720×576）"菜单命令。

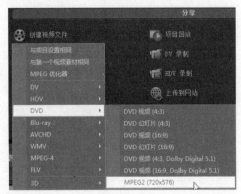

02 弹出"创建视频文件"对话框，在"文件名"文本框中输入"幸福万年长"，并设置文件的保存路径，然后单击"保存"按钮。

系统自动对该影片进行渲染，在渲染过程中可以按 Esc 键中止。

 渲染结束后，影片会自动在预览窗口中播放。

2. 上传至优酷网

创建的视频文件可以上传至优酷网和土豆网等视频网站，与朋友分享。将视频上传至优酷网之前，首先要注册成为优酷会员。然后用注册得来的优酷帐号登录至自己的视频空间，最后再上传自己创建的视频。具体操作如下。

 进入优酷网，单击首页的"注册"链接，打开注册页面，输入相关信息，单击"注册"按钮。

 注册成功后，单击优酷网首页的"登录"链接，打开登录页面，输入帐号信息，单击"登录"按钮。

 单击首页的"上传"链接，打开上传视频页面。单击"浏览"按钮。

 打开选择上传文件对话框，选择需要上传的文件，单击"打开"按钮。

05 在"上传视频"页面的"标题"文本框中输入"幸福万年长"，并在简介中输入相关介绍，在标签中输入相关的标签，选择所属分类为生活，版权所有选择为原创，勾选"我的视频符合优酷上传条款"复选框。

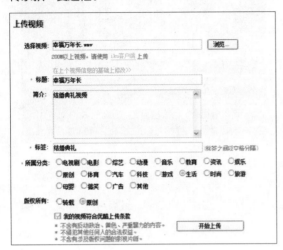

07 单击"进入我的优盘"按钮，在弹出的网页中单击"我的视频"中"最新上传"下的"幸福万年长"链接，弹出播放页面。

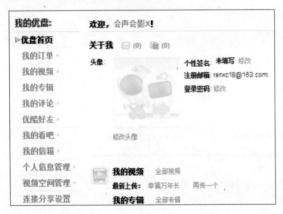

06 设置完成后，单击"开始上传"按钮。系统会自动开始上传视频文件，并显示上传进度、上传速度和剩余时间等信息。上传成功后，系统会提示"上传完毕"。

08 单击播放页面下方的"分享"按钮，在弹出的分享选项中单击"分享给站外好友"文本框后的"复制"按钮，将复制的网址信息通过QQ、MSN等聊天工具发给好友即可与好友分享。

Chapter

14

///////////

探秘西藏之旅

本章内容简介

西藏是个美丽、独特而又神秘的地方，珠穆朗玛峰、雅鲁藏布江大峡谷、神山圣湖、布达拉宫等，都引人入胜。置身于此，心旷神怡。本实例应用多张照片和多段视频片段，再现了神奇的西藏之旅。

通过本章学习，用户可了解

① 通过覆叠素材实现交叉显示
② "体育场"音频滤镜

14.1 实例规划及效果预览

在本实例中，首先编辑各个影片片段，理清制作影片的思路，编辑完片段后，才考虑如何使各个片段之间平滑地过渡，如何为照片素材添加遮罩或滤镜特效，最后才是添加背景音乐等工作。制作整个影片的思路如下。

（1）编辑各个片段：各个片段在编辑时，用户要注意各个素材的引用，特别是影片的顺序安排、开始时间、结束时间以及素材的特效添加等。

（2）添加各个片段之间的转场效果：用户应先浏览各个影片片段，规划排列的顺序，添加到时间轴上后，应根据各个影片不同的开头和结尾，选择合适的转场效果。

（3）添加文字和文字效果：在制作各个影片片段时，应根据各个视频的内容，适当地添加不同的文字和文字效果等。

（4）添加背景音乐：在一个影片中，背景音乐至关重要。本实例是具有较强感染力的旅游记录，所以可选择一段节奏性较强的音乐，既烘托出激情奔放的恢弘气氛，又营造出神秘莫测的感觉。

本实例完成后的效果如下。

14.2 导入素材

单独为一个实例创建一个素材库,有利于素材文件的管理、查找和使用,能够提高视频编辑的效率,做到有备无患。

01 双击桌面上的会声会影 X4 图标,启动会声会影 X4。

02 在素材库中单击"添加新文件夹"按钮,系统会在下方自动生成一个文件夹,将其命名为"西藏"。

03 在素材库中单击"西藏"文件夹,将会看到此素材文件夹是空的。

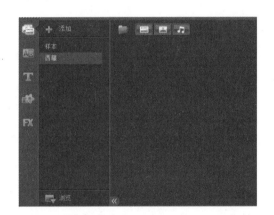

04 单击素材库上的"导入媒体文件"按钮,弹出"浏览媒体文件"对话框。

05 选中需要的素材,然后单击"打开"按钮,这时可以看到"西藏"文件夹中出现素材。

06 单击"列表视图"按钮,改变素材的显示方式。

07 单击素材库中的"隐藏照片"按钮后，素材库中将不再显示照片素材。

08 单击"缩略图视图"按钮，并将光标置于素材库中的缩放控件上方，光标变为手形👆时，拖动鼠标即可调整缩略图大小。

14.3 编辑影片

素材导入到素材库以后，就可以开始编辑影片了。首先要设置系统参数，然后再添加素材到时间轴中，进而对其进行排序和调整其播放时间等操作。

1. 系统设置

在影片编辑之前，首先要对其参数进行设置，因为有时候默认的参数也会影响影片的编辑，如自动添加转场等。

01 打开会声会影X4，选择"设置>项目属性"菜单命令。

02 打开"项目属性"对话框，单击"编辑"按钮，打开"项目选项"对话框。

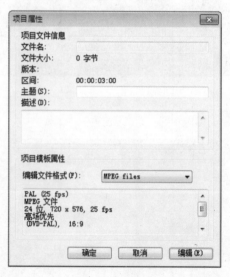

03 选择"压缩"选项卡，在"介质类型"下拉列表中选择"PAL DVD"选项，单击"确定"按钮。

04 返回"项目属性"对话框，在"编辑文本格式"下拉列表中选择"MPEG files"选项，最后单击"确定"按钮。

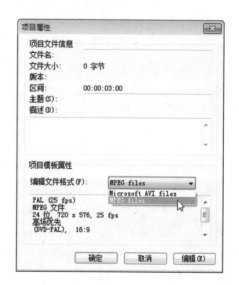

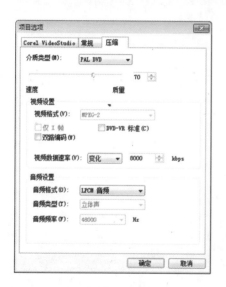

05 选择"设置>参数选择"菜单命令,打开"参数选择"对话框。

06 切换到"编辑"选项卡,在"转场效果"选项组中,勾选"自动添加转场效果"复选框,单击"确定"按钮。

07 选择"文件>保存"菜单命令,打开"另存为"对话框。

08 从中设置当前文件的文件名及保存路径,最后单击"保存"按钮,完成系统的设置操作。

2. 添加并排序视频素材

在视频制作前，一定要先策划好视频制作过程中所需要的每个素材的出现顺序以及需要什么样的效果，然后按事先设计好的顺序添加素材。

01 拖动素材库中的"视频 1.mpg"至视频轨中。

02 用同样的方法将"素材1.jpg"至"素材5.jpg"、"视频2.mpg"、"素材6.jpg"、"素材7.jpg"、"视频3.mpg"和"素材8.jpg"依次拖入视频轨中。

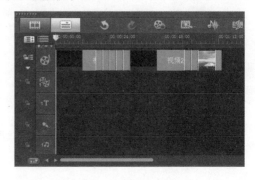

3. 调整素材的播放时间

在本实例中利用素材的播放时间长短，制作出一部分素材一闪而过，而另外的素材却播放较长时间的对比效果。这种手法表现出的视频动感十足，冲击力极强。

01 在视频轨中选中"素材 1.jpg"。

02 在该素材上右击，在弹出的快捷菜单中选择"打开选项面板"。

03 在"照片"选项卡中，将此素材的区间时间设置为"00:00:00:04"。

04 用同样的方法设置"素材2.jpg"和"素材3.jpg"的区间时间为"00:00:00:04"，其他素材保持不变。

14.4 添加转场

//

添加并编辑素材后，下面在各个素材之间添加转场效果，使不同的素材之间实现平滑过渡。

01 单击素材库中的"转场"按钮，切换至"转场"素材库。

02 单击"画廊"下拉按钮，选择"过滤"选项。

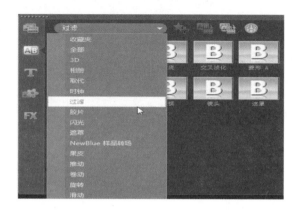

03 随后在素材库中将显示"过滤"类型的转场效果。

04 将素材库中的"交叉淡化"转场效果拖曳至视频轨中的"素材4.jpg"与"素材5.jpg"素材之间。

05 单击"画廊"下拉按钮，选择"遮罩"选项。

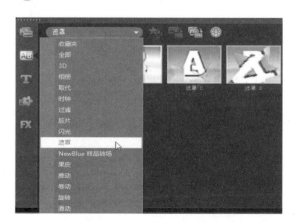

06 在素材库中显示"遮罩"类型的转场效果，然后选择"遮罩 A"转场效果。

07 按住鼠标不放将其拖至视频轨中的"素材5.jpg"与"视频2.mpg"素材之间。

08 选中转场效果,在"转场"选项卡中单击"自定义"按钮。

09 在弹出的"遮罩－遮罩 A"对话框中,选择"遮罩"选项组下的第 3 个类型。

10 采用同样的方法,为其他素材添加不同的转场效果。

11 单击导览区中的"播放"按钮,预览各个转场效果。

14.5 特效制作

素材添加到视频轨中并对其调整了区间时间以后,可以为素材添加滤镜和摇动缩放等效果,来增加影片的艺术效果和感染力。

1. 添加摇动和缩放效果

实例中出现的是两幅照片,通过添加摇动和缩放效果,模拟出摄像机的摇动和变焦效果。

01 在视频轨中选中"素材 4.jpg"。单击素材库下方的"选项"按钮，然后选中"摇动和缩放"单选按钮。

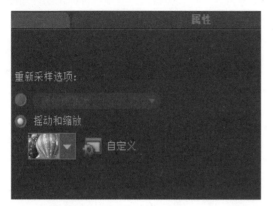

02 单击预设下拉按钮■弹出下拉列表框，在此下拉列表框中选择需要使用的摇动和缩放类型。

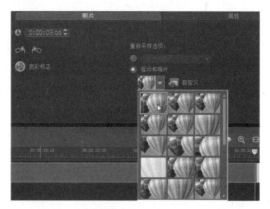

03 单击导览区中的"播放"按钮■，查看摇动和缩放的应用效果。

04 按照上述方法，为视频轨中的"素材5.jpg"添加摇动和缩放效果，然后单击"自定义"按钮。

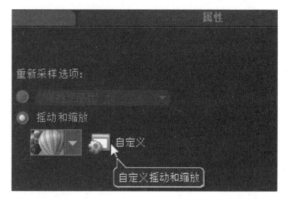

05 在弹出的"摇动和缩放"对话框中设置第一个关键帧的缩放率为 127%，透明度为 0。

06 单击"转到下一个关键帧"按钮■，设置该帧的缩放率为 146%，透明度为 0。最后单击"确定"按钮。

2. 添加滤镜

本实例为出现在项目中的 3 幅照片添加滤镜。为第 1 幅照片添加"修剪"滤镜，裁切画面边缘，类似于转场效果；为第 2 幅照片添加"肖像画"滤镜，轻松地实现朦胧的效果；为第 3 幅照片添加"缩放动作"滤镜，使其呈现太阳强烈发光的视频特效。

01 单击"滤镜"按钮，切换至"滤镜"选项卡，单击"画廊"下拉按钮，在弹出的下拉列表中选择"二维映射"选项。

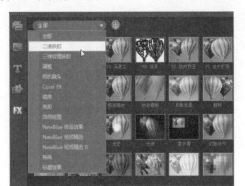

02 在素材库中选择"修剪"滤镜效果，按住鼠标左键并拖曳至时间轴中的"素材 6.jpg"素材上方。

03 单击"选项"按钮，在弹出的"属性"选项卡中单击"自定义滤镜"按钮左侧的下拉按钮，在滤镜预设列表框中选择第 2 个。

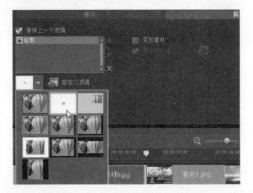

04 单击素材库上方的"画廊"下拉按钮，在弹出的下拉列表中选择"暗房"选项。

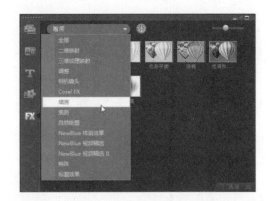

05 随后在素材库中将显示相应的滤镜效果。

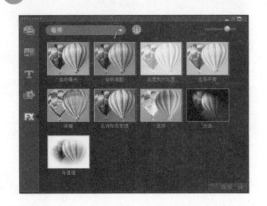

06 选择"肖像画"滤镜效果，将其拖至时间轴中"素材 7.jpg"图像上方。

⑦ 单击"选项"按钮，打开"属性"选项卡。从中单击"自定义滤镜"按钮。

⑧ 打开"肖像画"对话框，设置镂空遮罩色彩为黑色，形状为矩形，柔和度为50，然后单击"确定"按钮。

⑨ 单击"画廊"下拉按钮，在弹出的下拉列表中选择"标题效果"选项。

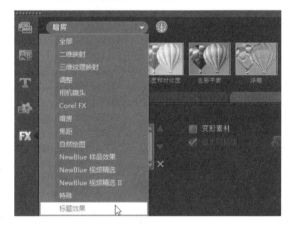

⑩ 在素材库中选择"缩放动作"滤镜效果，按住鼠标左键并拖曳至时间轴中的"素材8.jpg"素材上方。

3. 添加色彩素材

在视频中添加色彩素材，可以增加前后素材的时间间隔，也可作为覆叠轨或标题轨的背景。

① 单击素材库中的"图形"按钮，切换至"图形"素材库。

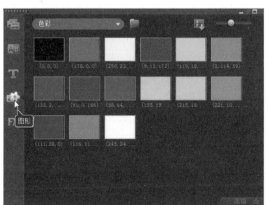

② 将"黑色"色彩素材拖至视频轨中"素材7.jpg"与"视频3.mpg"之间。

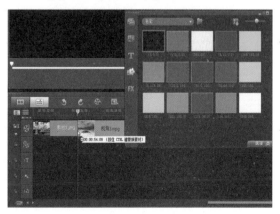

 在"编辑"选项卡中设置色彩素材的区间值为
"0:00:03:00"。

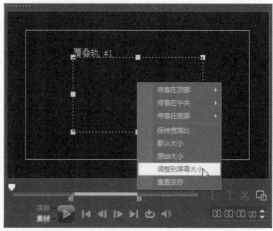 在视频轨中双击选择色彩素材，然后在预览
窗口中的色彩素材上右击，在弹出的快捷菜
单中选择"调整到屏幕大小"命令。

14.6 添加覆叠效果

本实例通过在覆叠轨中添加和编辑素材，实现素材的交叉呈现、遮罩和色度键等特效。

1. 添加多条覆叠轨

当需要在同一时间应用两个及以上覆叠素材到覆叠轨中时，就需要添加多条覆叠轨以满足编辑
需要。

 单击时间轴中的"轨道管理器"按钮。

 弹出"轨道管理器"对话框，从中勾选"覆叠
轨 #2"复选框，单击"确定"按钮。

2. 添加覆叠素材

本实例通过从素材库中直接拖至覆叠轨的方法添加覆叠素材，相关操作具体如下。

从素材库中拖曳"素材 9.jpg"至覆叠轨 1 中。

单击覆叠轨 1 中刚添加的素材，当光标变成
带虚线框的白色箭头时，按住鼠标左键不放，
将其拖曳至 00:00:14:23 处。

03 单击"选项"按钮，在弹出的面板中，切换至"编辑"选项卡，设置该素材的区间时间为00:00:00:04。

04 返回"属性"选项卡，然后在预览窗口中的覆叠素材上右击，在弹出的快捷菜单中选择"调整到屏幕大小"命令。

05 按照上述方法，依次将"素材 10.jpg"、"素材 11.jpg"、"素材 12.jpg"添加至覆叠轨 1 中，并与覆叠轨中的"素材 9.jpg"覆叠素材首尾相接。调整各素材的大小和区间。

06 单击预览窗口中的"播放"按钮，预览添加的覆叠素材效果。

3. 覆叠素材高级应用

本实例通过各覆叠素材的左右位置以及大小调整实现素材的交叉显示，并把一个视频画面分为三部分。

01 将素材库中的"素材13.jpg"拖至覆叠轨1的00:00:28:00处。随后单击"选项"按钮。

02 在弹出的面板中，切换至"编辑"选项卡，设置该素材的区间时间为00:00:00:02。

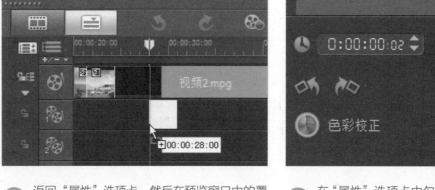

03 返回"属性"选项卡，然后在预览窗口中的覆叠素材上右击，在弹出的快捷菜单中选择"调整到屏幕大小"命令。

04 在"属性"选项卡中勾选"显示网格线"复选框，显示网格线。

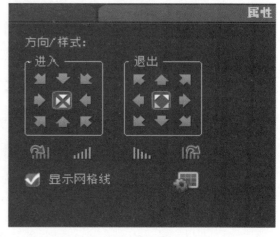

05 在预览窗口中，将光标放在覆叠素材上，当光标变成 时，按住鼠标左键，向左水平拖曳至预览窗口的1/3处。

06 将素材库中的"素材14.jpg"拖曳至覆叠轨1中的"素材13.jpg"素材结尾的位置。

07 在覆叠轨1中的"素材13.jpg"上右击,在弹出的快捷菜单中选择"复制属性"命令。

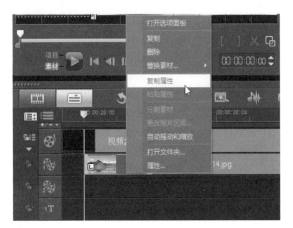

08 在覆叠轨1中的"素材14.jpg"上右击,在右键菜单中选择"粘贴属性"命令。

09 单击"选项"按钮,在弹出的面板中,切换至"编辑"选项卡,设置该素材的区间时间为 00:00:00:02。

10 按照上述方法,将"素材 15.jpg"添加至"素材 14.jpg"结尾处,并应用相同属性,然后将区间调整为 00:00:04:00。

11 将素材库中的"素材16.jpg"拖曳至覆叠轨2中的00:00:28:00处。

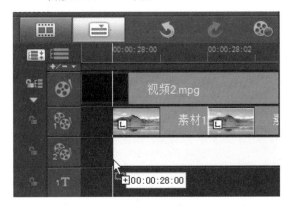

12 单击"选项"按钮,在弹出的面板中切换至"编辑"选项卡,设置该素材的区间时间为 00:00:00:02。

13 返回"属性"选项卡,然后在预览窗口中的覆叠素材上右击,在弹出的快捷菜单中选择"调整到屏幕大小"命令。

14 在预览窗口中,将光标放在覆叠素材上,当光标变成❖时,按住鼠标左键,向右水平拖曳至如下图所示位置。

15 将素材库中的"素材17.jpg"拖曳至覆叠轨2中的"素材16.jpg"素材结尾的位置。

16 复制覆叠轨2中"素材16.jpg"的素材属性至"素材17.jpg"上，然后将区间调整为00:00:00:02。

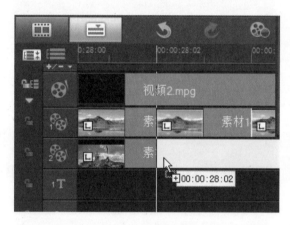

17 按照以上方法，将素材库中的"素材18.jpg"添加至覆叠轨2中的"素材17.jpg"结尾处，并应用相同属性，然后将区间调整为00:00:04:00。单击预览窗口中的"播放"按钮，预览覆叠效果。

提示 遮罩帧和色度键

在会声会影X4中，遮罩帧就是为覆叠素材添加边框，用来美化视频影像。色度键其实就是抠像技术。会声会影的抠像原理是去色，因此，选中影像的一种色彩，调整相似度，就能把影像调整为透明，从而与视频轨的素材合成。注意：这并不是真正意义上的拼合。

4. 添加遮罩帧和色度键

为素材添加遮罩帧，可以给素材添加一个呈半遮半显状态的边框。为素材添加色度键，可以去除照片中的某种颜色使其与视频轨中的素材融合，从而能打造出富有艺术感觉的照片效果。

01 将素材库中的"素材19.jpg"拖曳至覆叠轨1 的00:00:54:09处。

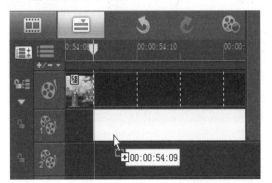

02 单击"选项"按钮,在弹出的面板中切换至 "编辑"选项卡,设置该素材的区间时间为 00:00:01:00。

03 返回"属性"选项卡,然后在预览窗口中的覆 叠素材上右击,在弹出的快捷菜单中选择"调 整到屏幕大小"命令。

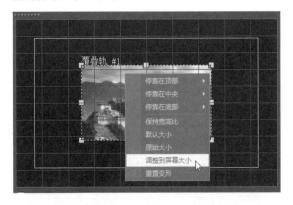

04 单击"选项"按钮,在"属性"选项卡中单击 "遮罩和色度键"按钮。

05 在弹出的选项面板中选中"应用覆叠选项"复 选框,设置其类型为"遮罩帧",打开遮罩列 表框,选择一种遮罩效果。

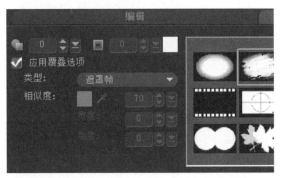

06 单击预览窗口中的"播放"按钮,预览添加遮 罩帧的覆叠素材效果。

07 按照步骤1~步骤4的方法,将"素材20.jpg" 添加至"素材19.jpg"的结尾处,并应用相同 的属性。

08 单击"选项"按钮,在"属性"选项卡中单击 "遮罩和色度键"按钮。在弹出的选项面板中 选中"应用覆叠选项"复选框,设置其类型为"色 度键"。

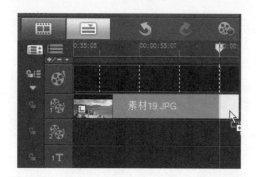

14.7 制作标题和字幕

为了使观众更好地理解影片，应添加标题和字幕对视频作品的内容和主题进行介绍。

1. 添加标题

为视频作品添加标题的具体操作如下。

01 将飞梭栏拖至项目的开头处，然后单击素材库中的"标题" T 按钮，切换至"标题"选项卡，此时可在预览窗口中看到"双击这里可以添加标题"的字样。

02 在预览窗口中双击显示的字幕，然后输入"探索西藏之旅"。

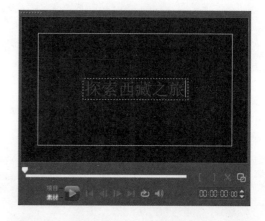

03 在"编辑"选项卡中单击"字体"下拉按钮，在弹出的下拉列表框中选择"方正琥珀简体"选项。

04 单击"字体大小"下拉按钮，在弹出的下拉列表中选择 80。

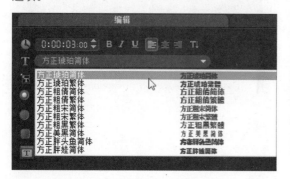

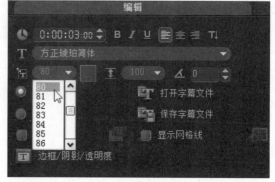

05 单击颜色色块，弹出颜色面板，选择白色。

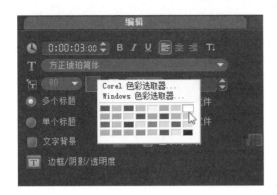

06 单击"粗体"按钮，加粗文字。

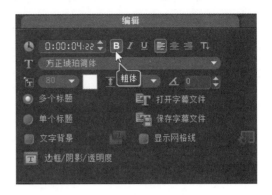

07 设置标题的区间时间为 00:00:04:22。

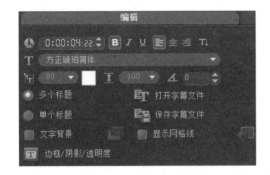

08 在"属性"选项卡中单击"对齐"选项中的"居中"按钮，使标题位置居中。

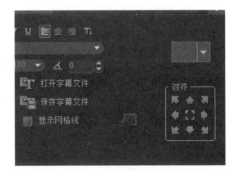

09 切换至"滤镜"选项卡，单击素材库上方的"画廊"下拉按钮，在弹出的下拉列表中选择"标题效果"选项。

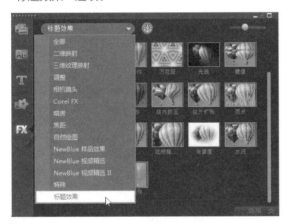

10 在素材中选择"幻影动作"滤镜效果，按住鼠标左键并拖至标题轨的标题上方。单击"选项"按钮，在弹出的"属性"选项卡中单击"自定义滤镜"按钮。

11 弹出"幻影动作"对话框。向右拖动滑块至00:00:01:15处，单击"添加关键帧"按钮，添加第2个关键帧，然后将缩放、透明度、柔和值分别调为120、80、25。

12 单击"转到下一个关键帧"按钮，转到下一个关键帧，然后将透明度、柔和值都设置为0。单击预览窗口中的"播放"按钮，预览标题效果。

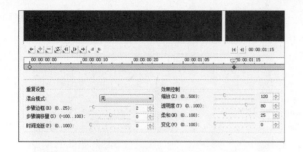

2. 添加字幕文件

本实例由于需要出现多处标题效果，不能一一进行讲解添加，可以直接添加"字幕.uft"文件到标题轨中，完成标题效果的快速制作。

01 单击素材库中的"标题"按钮，切换至"编辑"选项卡，单击"打开字幕文件"按钮。

02 在打开的"打开"对话框中，选择"字幕.utf"文件，单击"打开"按钮。

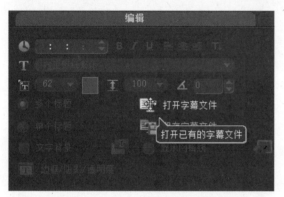

03 弹出"插入过多标题可能会清除撤销/重复功能"提示框，单击"确定"按钮。

04 时间轴中自动多出一个标题轨2，其中存放了添加的字幕文件。

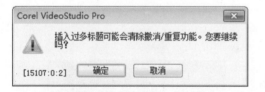

 提示　标题设置

关于各个标题的大小、字体和颜色等格式的设置，具体方法请参照第8章，在此不再赘述。

14.8 添加音频文件

在制作影片时，为影片添加适当的背景音乐可以加强影片的效果。在本节，添加"背景音乐.mp3"文件至音乐轨，然后对其添加"体育场"音频滤镜，使影片整体的音乐效果具有较强的震撼力，同时也可以烘托出西藏的神秘之美。

01 在视频轨上单击"视频1.mpg"区域，然后在音乐轨的空白处右击，从中选择"插入音频>到音乐轨#1"菜单命令。

02 弹出"打开音频文件"对话框，选择"实例文件\第14章\原始文件\背景音乐.mp3"文件，然后单击"打开"按钮。

03 "背景音乐.mp3"被添加到音乐轨中，然后在音乐和声音选项卡中单击"淡入"和"淡出"按钮。

04 单击"音频滤镜"按钮，随即会弹出"音频滤镜"对话框。

05 在"可用滤镜"列表框中选择需要的"体育场"选项，然后单击"添加"按钮将其添加到"已用滤镜"列表框中。

06 单击"确定"按钮，完成音频滤镜的添加。最后试听添加音频滤镜后的音频效果，感受身在体育场一样的震撼效果。

14·9 渲染输出影片

//

至此，"探秘西藏之旅"视频已基本上制作完成。通过上述操作反复修改，满意后，可以通过分享步骤保存视频文件——这样既快捷又简单，可以方便地和亲朋好友分享，也更容易长期保存。

01 切换至分享步骤，单击"创建视频文件"按钮，在弹出的菜单中选择"与项目设置相同"菜单命令。

02 弹出"创建视频文件"对话框，在"文件名"文本框中输入"探索西藏之旅"，并设置文件的保存路径，然后单击"保存"按钮。

03 系统自动对该影片项目进行渲染，在渲染过程中可以按Esc键中止。

04 渲染结束后，影片会自动在预览窗口中播放。

正在渲染：0% 完成... 按 ESC 中止。

提示 创建项目文件中的部分内容为视频文件

　　项目文件制作完毕后，拖动导览面板中的修整拖柄至要保存的位置，然后切换到"分享"界面，选择要保存的文件类型，弹出"创建视频文件"对话框，单击"选项"按钮，弹出Corel VideoStudio对话框，单击选中"预览范围"单选按钮，然后单击"确定"按钮，返回"创建视频文件"对话框，单击"保存"按钮，即可完成操作。